本著作获西安财经大学学术著作出版资助

大气驱动数据的融合插值研究
——基于薄板平滑样条模型

李 涛 著

電子工業出版社
Publishing House of Electronics Industry
北京 · BEIJING

内 容 简 介

本书基于薄板平滑样条模型，对格点大气驱动数据的建立方案进行介绍，并且对所采用的方案和最终数据产品进行评估。本书分为5章，主要内容包括：绪论，基本数据和方法原理，全球近地面气温场、相对湿度场、风速场和气压场的建立与评估，中国大气驱动数据集的建立与评估，总结与展望。

本书可供气象学、大气科学、应用统计学等研究领域的研究人员、教师和学生阅读与参考。

图书在版编目（CIP）数据

大气驱动数据的融合插值研究：基于薄板平滑样条模型 / 李涛著. — 北京：电子工业出版社，2019.12

ISBN 978-7-121-19158-9

I. ①大… II. ①李… III. ①数字技术－应用－大气波动－样条插值－研究 IV. ①P433-39

中国版本图书馆 CIP 数据核字（2019）第 255650 号

责任编辑：冯小贝

印　　刷：北京盛通商印快线网络科技有限公司

装　　订：北京盛通商印快线网络科技有限公司

出版发行：电子工业出版社

　　　　　北京市海淀区万寿路 173 信箱　　邮编：100036

开　　本：787×980　1/16　印张：8　字数：156 千字

版　　次：2019 年 12 月第 1 版

印　　次：2019 年 12 月第 1 次印刷

定　　价：59.00 元

凡所购买电子工业出版社图书有缺损问题，请向购买书店调换。若书店售缺，请与本社发行部联系，联系及邮购电话：（010）88254888，88258888。

质量投诉请发邮件至 zlts@phei.com.cn，盗版侵权举报请发邮件至 dbqq@phei.com.cn。

本书咨询联系方式：fengxiaobei@phei.com.cn。

前　言

陆面模式的模拟需要近地面大气数据作为驱动数据，这些数据的精度会直接影响模拟结果的准确性。目前，很多研究都直接使用再分析数据或者经过月尺度订正的再分析数据作为驱动数据。但这些驱动数据的时空分辨率不够高，不能满足气象、水文和生态等研究方向的要求。

本书应用薄板平滑样条模型和简单克里金方法，融合观测数据、再分析数据和遥感数据，建立了全球近地面气温场、相对湿度场、风速场和气压场（BNU 全球陆面模式大气驱动数据），并且专门建立了一套包含 7 个变量的中国大气驱动数据集（BNU 中国陆面模式大气驱动数据）。本书主要对格点大气驱动数据的建立方案进行介绍，并且对所采用的方案和最终数据产品进行评估。

应用陆面模式产生大范围、长时间序列的陆表水和能量收支数据，对于理解全球环境变化机制与人类活动的相互作用是必不可少的。而陆面模式的运行需要近地面大气数据（例如，近地面气温、相对湿度、风速、气压、降水、短波辐射和长波辐射）作为驱动数据。使用精确的大气驱动数据是改善陆面模式模拟结果的重要途径之一。目前驱动数据的质量和时空分辨率仍然是影响陆面模式模拟结果的重要因素。而现有的区域或者全球的驱动数据的时空分辨率往往不够高。因此，研究怎样融合观测数据、再分析数据、遥感数据来构建时空分辨率更高的大气驱动数据集是非常必要的。

在编写本书过程中，感谢恩师郑小谷教授的指导和帮助；感谢家人的支持；感谢中国（西安）丝绸之路研究院科学研究项目（2019ZD03）的资助；感谢西安财经大学学术著作出版项目的资助。

由于作者自身的知识局限性，书中难免有不妥之处或谬误之处，谨向广大读者表示歉意，并敬请读者批评指正。

西安财经大学　　李涛

目　录

第1章 绪　　论

1.1 研究背景

大范围、长时间序列的陆表水和能量收支数据对于理解全球环境变化机制与人类活动的相互作用是必不可少的。理论上这些数据可通过观测或者模拟的手段获得。然而，由于一些技术、资金和政治上的限制因素，想通过观测手段得到高时空分辨率的地表蒸散发、径流、土壤温度和土壤湿度等这些反映地表水分和能量交换的历史观测序列是非常困难的，原因是陆表的高度时空分异性导致地面台站观测难以代表"面"上的连续性的变化特征。

遥感技术虽然可以大范围地观测反照率、辐射、地表温度和土壤湿度等变量，但是这些观测是间接的，需要通过一定的反演算法来实现。而且遥感观测数据会受到云、植被和地表粗糙度等因素的影响，造成反演结果的不准确性。特别是对于土壤湿度，遥感数据只能提供植被覆盖率较低区域的土壤浅层观测，难以获得深层土壤的信息。而土壤湿度是非常重要的陆面物理量之一，土壤湿度的变化会引起地表反照率、土壤的热容量、地表蒸发量及植被生长状况的变化，从而影响地表与大气之间的能量交换，进而可能对局地气候产生影响。土壤湿度在气候变化中的作用仅次于海表温度，在陆地上，土壤湿度的作用甚至超过了海表温度的作用。

研究表明，通过运行陆面模式(Land Surface Model，LSM)来重建这些历史序列是一个不错的选择(Dai et al., 2003)。例如，北美陆面数据同化系统(North America Land Data Assimilation System，NLDAS)(Cosgrove et al., 2003; Mitchell et al., 2004; Xia et al., 2012a, 2012b)和全球陆面数据同化系统(Global Land Data

Assimilation System，GLDAS）(Rodell et al., 2004）的研究表明，利用陆面模式模拟所产生的大范围、长时间序列的陆表水和能量收支数据是可行的。

陆面模式的运行需要近地面大气数据作为驱动数据。一般来说，大气驱动数据包含 7 个变量：近地面气温、相对湿度、风速、气压、降水、短波辐射和长波辐射。实际需要的大气驱动数据也根据不同的陆面模式而有所不同，一些陆面模式需要的驱动数据可能多于或者少于 7 个。当离线运行陆面模式时，需要给陆面模式提供独立的大气驱动数据。制备更为精确的大气驱动数据是改善陆面模式模拟结果的主要途径之一。

对于陆面模式来说，长时间序列的、高时空分辨率的且接近真实状况的大气驱动数据是非常重要的。大量关于陆面模式及大气驱动数据的研究也已证明，准确的、有更多真实观测信息存在的大气驱动数据对于提高陆面模式的模拟结果也是非常重要的，大气驱动数据的质量对陆面模式真实模拟地表状况的影响非常大。

陆面模式中大气驱动数据的重要性已经被很多研究证明（Berg et al., 2003; Fekete et al., 2004; Nijssen and Lettenmaire, 2004）。例如，北美陆面数据同化系统（Mitchell et al.,2004）的研究结果表明，不准确的驱动数据是导致陆面模式模拟误差的主要原因之一（Robock et al., 2003; Pan et al., 2003）。Cosgrove（2013）在介绍 NLDAS 陆面同化系统驱动数据的文章中也强调："无论陆面过程的描述多么精细，或者它们的边界条件和初始值多么准确，如果大气驱动数据不准确，陆面模式也不会模拟出可靠的结果"。其他的研究也表明，陆面模式的模拟结果对大气驱动数据的准确性是非常敏感的（Berg et al., 2003; Fekete et al., 2004; Sheffield et al., 2004）。虽然国际上有一些通用的大气驱动数据可以供陆面过程研究使用，但是这些数据在全球各个地区的表现差异很大。所以高质量和高时空分辨率的大气驱动数据目前还是影响陆面过程模拟结果的重要因素。

当前，大多数全球陆面模式的大气驱动场直接使用再分析数据（Berg, 2003; Lenters, 2000; Maurer, 2001; Nasonova, 2011; Fuka, 2013; Li Mingxing, 2010），或者使用月观测数据订正的再分析数据（Ngo-Duc et al., 2005; Sheffield et al., 2006;

Qian et al., 2006; Wang and Zeng, 2013）。例如，著名的 Princeton 大气驱动数据中的气温场和降水场，就是将美国国家环境预报中心（National Centers for Environmental Prediction，NCEP）和美国国家大气研究中心（National Center for Atmospheric Research，NCAR）共同制作的小时再分析数据经英国东英格利亚大学气候研究小组（Climatic Research Unit）的月平均气温和降水数据订正之后得到的。但由于全球再分析数据更侧重于对大气环流的估计，它们的近地面大气变量在小时尺度上与观测结果相差较大，即使利用月观测数据去订正它们，也不能满足在小时尺度上的精度要求。所以用它们驱动陆面模式模拟的地表变量在小时尺度上的误差也比较大。

当把陆面模式用于气象、水文和生态的监测与数据同化等方向的研究时，就需要模拟结果在小时尺度上更接近于真实值（Xie et al., 2007, Tian et al., 2007; Xie and Xiong, 2011；李新等, 2007），所以这也对陆面模式的大气驱动数据在小时尺度上的精确性提出了要求。例如，全球陆面碳通量同化系统 CarbonTracker（Peters, 2007）需要将逐小时的大气二氧化碳（CO_2）浓度观测数据同化到陆面模式中。因此大气驱动数据在小时尺度上越接近真实值越好，否则陆面模式模拟的陆面碳通量在小时尺度上的误差较大，就不能很好地预报观测的小时大气浓度。而且，因为全球的各种再分析数据之间在小时尺度上的差异较大（Bosilovich et al., 2008; Rienecker et al., 2011; Mao et al., 2010），所以用它们驱动陆面模式对在小时尺度上的土壤温度和土壤湿度进行模拟，结果的差异也比较大。因此，如何更好地融合全球再分析数据和小时观测数据，以生成在小时尺度上更精确的驱动场，从而减少陆面模式模拟的不确定性，也受到了相当多的关注（Li and Ma, 2010）。

现有的驱动数据，无论是区域的还是全球的，空间分辨率一般都在 0.1°×0.1° 以上。但这样的空间分辨率对于某些研究是不够的。例如，水文学中的子流域、生态学中的叶面积指数等数据的空间分辨率都小于 0.1°×0.1°。因此，制备空间分辨率更高的大气驱动数据的需求是存在的。

为构建在小时尺度上精度和空间分辨率更高的大气驱动场，就需要应用台站的小时观测数据。一种常见的应用途径是将这些观测数据同化到区域陆气耦合模式中，例如北美陆面数据同化系统(NLDAS) (Cosgrove et al., 2003; Mitchell et al., 2004; Xia et al., 2012a, 2012b)和南美陆面数据同化系统(SALDAS) (Goncalves et al., 2009)中的大气驱动场就是这样实现的。另一种常见的应用途径是对小时观测数据进行空间插值，例如中国国家气象信息中心的中国降水和下行太阳辐射驱动数据(师春香和谢正辉, 2005, 2008; 师春香, 2008)，新疆地区的陆面模式大气驱动场(刘波等, 2012)，以及加拿大气温场(Hutchinson et al., 2009)等。为使这两种途径能够真正产生在小时尺度上比全球再分析数据更准确、空间分辨率更高的大气驱动场，小时观测数据必须密集。但由于能获得的密集的小时观测数据通常具有区域性，因此运用这种两种方法所构建的大气驱动场基本上也是区域性的(潘小多等, 2010)。

自21世纪以来，全球气象观测数据和再分析数据的规模迅速扩展，为构建在小时尺度上精度更高的全球大气驱动场提供了可能。首先，美国国家海洋和大气管理局(National Oceanic and Atmospheric Administration，NOAA)国家气候数据中心(National Climatic Data Center，NCDC)的综合地面数据库(Integrated Surface Database，ISD)已经达到了相当高的水平。从1990年开始，ISD包含了在全球范围内近10 000个台站的逐3小时近地面气温、湿度、风速、气压和降水等观测数据。与此同时，全球再分析数据在空间分辨率上也有显著提高。例如，美国国家环境预报中心(NCEP)的CFSR(Climate Forecast System Reanalysis)数据(Saha et al., 2010, 2013)和欧洲中期预报中心(European Centre for Medium-Range Weather Forecasts，ECMWF)的ERA-Interim再分析数据(Dee et al., 2011)，它们的空间分辨率分别达到0.315°×0.3125°和0.125°×0.125°，不但远高于旧版本NCEP/NCAR再分析数据和ERA40再分析数据的空间分辨率(1°×1°)，而且误差也明显减少。

这些台站观测数据、再分析数据和遥感反演数据的出现，为制作在小时尺度上精度更高的全球陆面模式大气驱动数据提供了素材。本书的第一个目标是对近地面气温、相对湿度、风速和气压的ISD台站观测数据和CFSR数据进行融合，生成比现有全球大气驱动数据的空间分辨率更高、误差更小的BNU(Beijing Normal University，北京师范大学)全球近地面气温场、相对湿度场、风速场和气压场(时间长度是1979—2010年)，即建立BNU全球陆面模式大气驱动数据。

目前，中国大气驱动场主要基于国外的全球再分析数据，例如，Princeton大气驱动数据、NCEP/NCAR再分析数据等。但由于国内参加国际交换的观测台站不到200个，而国外的再分析数据只能用到这些台站的数据，所以国外的再分析数据在国内的表现远不尽人意。另一方面，中国学者掌握了更多国内的台站观测数据，可以利用这些数据改进中国大气驱动场的质量。但是，国内暂时还没有开发出同化这些数据的成熟的再分析产品，所以用统计的方法融合这些台站观测数据和国外的再分析数据，是一个提高中国大气驱动场质量的有效途径。为此，北京师范大学(Li et al., 2014; Huang et al., 2013)和中国科学院青藏高原研究所(Yang et al., 2010; Chen et al., 2011)同时进行了研究。本书的第二个目标是介绍北京师范大学的研究方法和生成的中国1958—2010年7个大气驱动变量的逐3小时、5千米×5千米分辨率的格点场，即BNU中国陆面模式大气驱动数据。

1.2 国内外相关研究工作的进展

1.2.1 全球大气驱动产品

1. 直接使用再分析数据

早期的研究中，主要用于大气驱动数据的是再分析数据。全球数据同化系统是将全球各种经过质量控制的观测数据(例如，地基观测、船舶观测、气球观测、无线电探空测风、飞机观测、卫星遥感观测等)和模式的数值预报进行融合的系统。该系统通过将时空上分布零散且不规则的观测数据同化到有一定物理规律的地球系统模式，以产生对全球大气、海洋和陆面真实状态的一个优化估计，即再分析数据。很多研究利用再分析数据作为大气驱动数据来运行陆面模式，并且进行了大量的历史模拟实验。

2010 年以前流行的全球再分析数据主要有：NCEP/NCAR 再分析数据(Kalnay et al., 1996; Kistler et al., 2001)，NCEP/DOE 再分析数据(Kanamitsu et al., 2002)，ECMWF 研发的 ERA-15、ERA-40 再分析数据(Uppala et al., 2005)，日本气象厅(Japan Meteorological Agency，JMA)和日本电力中央研究所(Centeral Research Institute of Electric Power Industry，CRIEPI)合作研发的 JRA-25 再分析数据(Onogi et al., 2007)，等等。这些再分析数据为气候研究和监测提供了有力的基础数据集。

2010 年以后，人们又研发了一些空间分辨率更高、误差更小的再分析数据。例如，NCEP 研发的 CFSR 数据(Saha et al., 2010, 2013)，ECMWF 研发的 ERA-Interim 再分析数据(Dee et al., 2011)，美国国家航空航天局(National Aeronautics and Space-Administration，NASA)研发的 MERRA(Modern Era Retrospective-analysis for Research and Applications)再分析数据(Rienecker et al., 2011)，以及日本研发的 JRA-55 再分析数据(Ebita et al., 2011)，等等。

NCEP/NCAR 再分析数据是由美国国家环境预报中心(NCEP)和美国国家大气研究中心(NCAR)共同制作的第一代大气再分析数据，时间范围为 1948 年至今，时间分辨率和空间分辨率分别为 6 小时和 2.5°×2.5°。NCEP/DOE 再分析数据是由美国国家环境预报中心和美国能源部(Department of Energy，DOE)共同制作的第二代大气再分析数据，时间范围为 1979 年至今，时间分辨率和空间分辨率分别为 6 小时和 1.875°×1.875°。与 NCEP/NCAR 再分析数据相比，NCEP/DOE 再分析数据采用了改进的预报模式和同化系统，修正了 NCEP/NCAR 再分析数据的人为误差，其数据质量高于 NCEP/NCAR 再分析数据的质量。这两套数据目前都处于实时更新状态。

CFSR 数据是 NCEP 制作的第三代再分析数据，主要用于为大气、海洋、陆地和海冰模式提供初始场。CFSR 数据的时间范围为 1979 年至今，采用 T382L64 的模式分辨率，水平分辨率约为 38 千米×38 千米，垂直分层为 64 层，模式顶层为 0.266 hPa。产生 CFSR 数据所用的数值模式相比 NCEP 之前的数值模式有了较大的改进，同化的时间间隔是 6 小时，并且有逐小时的预报产品。CFSR 数据在整个时间段内都对卫星观测的辐射率进行同化，这是 NCEP 首次将卫星辐射率直接同化到全球再分析产品中。在运行陆面模式时，其降水驱动数据由观测数据得到。

ERA-15、ERA-40、ERA-Interim 为欧洲中期预报中心(ECMWF)研发的再分析数据产品。ERA-15 为最早研发的第一代产品，ERA-40 是 2003 年完成的第二代再分析数据。相比于 ERA-15，ERA-40 无论在空间分辨率上还是在时间分辨率上都有了很大的改进，对大气进行了更加精准的描述，同时提供了更多的分析场。ERA-40 再分析数据的预报模式为更加细化的行星边界层，预报模式的垂直分层从 31 层增加到 60 层，模式顶层从 10 hPa 上升到 0.1 hPa，并且该模式的物理和地表参数化方案也进行了更新。ERA-Interim 再分析数据是由 ECMWF 继 ERA-40 之后推出的一套新的再分析数据，在时间段上与 ERA-40 的 1989—2002 年这一时间段有重叠，但在数据处理上进行了升级，并改进了相关的模式，使用了四维变分同化和卫星数据偏差订正等技术。因此，之前 ERA-40 中各种数据的质量有了显著的提升。

JRA-25 是由 JMA 及 CRIEPI 从 2001 年开始研发的一个 25 年的再分析数据集，该数据集提供了位势高度、气温和相对湿度等 100 多个气象学变量。JRA-25 使用的观测数据包括常规观测数据和卫星的遥感数据。JRA-55 再分析计划是 JMA 于 2010 年开始实施的继 JRA-25 之后日本研发的第二个全球大气再分析计划，提供了从 1958 年全球辐射观测系统建立以来的再分析数据。在第一代数据集 JRA-25 的基础上，JRA-55 对数据缺陷进行了修正和改进，并对同化系统进行了升级。JRA-55 采用了全球谱模式，模式分辨率为 T319L60(水平分辨率为 60 千米×60 千米)。该模式中引用了新的辐射方案，采用了四维变分技术，同化了大气常规观测数据、亮温、可降水量及雪盖雪深数据，相比 JRA-25 有了较大的改进。

大气驱动变量的全球观测数据在时间和空间分布上比较不规则，不能用来直接驱动陆面模式。而再分析数据融合了观测和模式两种信息的格点场，可以向陆面模式提供长时间、高时空分辨率且具有一定精度的大气驱动数据集(Serreze, 2000; Sheffield et al., 2004)。因此，很多研究都直接利用大气驱动变量的再分析数据来驱动全球陆面模式(Berg, 2003; Lenters, 2000; Maurer, 2001;

Tian Xiangjun, 2010; Nasonova, 2011; Fuka, 2013; Li Mingxing, 2010; Wu et al., 2013)。

尽管再分析数据是观测和预报的一个优化的融合，但它们本身也存在着一些固有的缺陷。第一，再分析数据的质量在很大程度上依赖于所同化的观测数据。然而在长时间的同化过程中，由于观测系统的变更(包括观测手段的变更、观测区域的变更和观测方法的变更等)，可能会引入虚假的趋势变化。第二，预报模式的物理过程和同化方法中存在的各种缺陷也会给再分析数据带来偏差和误差(Smith et al., 2001; Betts et al., 1996, 1998a, 1998b, 1998c; Maurer et al., 2001a, 2001b; Roads and Betts, 2000)。第三，再分析数据作为所有大气、海洋驱动变量的一个全局优化产品，对单个变量的估计并不一定是最优的。特别是近地面大气变量还受到陆面的影响，它们的再分析数据的误差往往更大。

例如，Kalnay et al.(1996)指出，NCEP/NCAR 再分析数据存在较大的偏差，特别是在没有观测数据或者观测数据稀疏的地方，并且降水、辐射、气温和气压等数据的偏差尤为严重。Serreze(2000)发现，NCEP/NCAR 和 ERA-15 再分析降水数据在大西洋的北极边界上存在系统负偏差。Maurer(2001)评估了密西西比河流域的 NCEP/NCAR 再分析降水数据，发现在夏季有很高的正偏差，冬季降雪量在流域西部和上游有明显的负偏差。Berg(2003)发现，ERA-15 的冬季气温在 Hudson 湾周围都存在很大的冷偏差，而 NCEP/NCAR 的气温数据在美国 Alaska 地区和加拿大 Yukon 地区的山区存在相当大的暖偏差。Berg(2003)还对比了 ERA-15、NCEP/NCAR 再分析下行辐射数据和 GEWEX SRB(Global Energy and Water EXchanges Surface Radiation Budget，全球能源和水交换地表辐射预算)的下行辐射数据，发现再分析下行长波辐射存在负偏差，而下行短波辐射存在正偏差。Saito(2011)对 JRA-25/JCDAS(JMA Climate Data Assimilation System)的再分析降水数据进行了评估，发现在南美洲、非洲和亚洲的东南部区域有高估或低估的现象，而且在降雨天数上也和观测数据不一致。Wu(2013)发现，CFSR 降水数据也存在偏差，而且偏差有时空变化。

由于再分析数据中存在误差和偏差，因此利用它们驱动陆面模式将不可避免地对模拟结果产生重要影响。例如，Berg(2003)利用 ERA-15、NCEP/NCAR 再分析数据驱动陆面模式，对北美地区的土壤湿度和水通量进行模拟，发现模拟结果也存在偏差。Fekete(2004)研究了 UNH(University of New Hampshire)水平衡模式对于不同降水驱动数据的敏感性，发现精确的降水输入对于计算水平衡十分重要，特别是在干旱和半干旱地区。Li(2010)分别用台站观测数据、ERA-40 和 NCEP/NCAR 再分析数据及 4 种大气驱动数据来驱动 CLM 3.5 陆面模式，对 1951—2000 年黄河流域的土壤含水量进行模拟，发现所有模拟的上游、中游和下游河段的土壤含水量均存在很大误差。Wang(2011)指出，陆面模式模拟的土壤湿度、蒸散发和径流在很大程度上依赖于大气驱动数据的精度。Nasonova(2011)利用 NCEP/DOE 和 ERA-40 再分析数据分别驱动陆面模式，发现驱动数据是陆面水循环模拟不确定性的重要因素之一。Liu(2013)发现，陆面模式模拟的土壤湿度在很大程度上依赖于大气驱动数据的精度。Wu(2013)利用 NCEP/CFSR 再分析数据驱动 CLM 3.5 陆面模式对土壤湿度进行模拟，发现模拟结果存在较大偏差。Jia et al.(2013)利用 ERA-Interim 再分析数据驱动 CLM 3.0 陆面模式来模拟土壤湿度，发现模拟结果也存在较大偏差。

2. 基于再分析数据的订正

前面我们指出，全球再分析数据在很大程度上存在误差和偏差，而这些误差和偏差会导致陆面模式的模拟结果偏离真实值。解决这个问题的办法之一是用观测数据对再分析数据进行订正，以减少再分析数据的误差和偏差。

再分析数据的误差和偏差首先表现在气候尺度上。与日和小时观测数据相比，人们积累了时间更长、更密集的月观测数据，并将它们插值为格点场。比较权威的格点场产品有以下几种。

- CRU 月平均气温、气压、降水和水汽压数据等(New et al., 1999, 2000, 2002; Mitchell and Jones, 2005; Harries, 2013)。

- 全球降水气候中心(Global Precipitation Climatology Centre，GPCC)的降水数据(Rudolf et al., 1993, 1994, 2010; Schneider et al., 2013)。
- 日本气象局的月平均气温数据(Ishii et al., 2005)。
- Hijmans(2005)建立的全球月平均降水和月平均气温及最高/最低气温数据。
- Chen et al.(2002)建立的全球陆地月平均降水数据等。

这些数据常被视为大气驱动变量观测的月平均值(尤其是CRU和GPCC数据)，并被用来对再分析数据的月平均值进行订正。对气温、气压等变量的订正方法是，将小时再分析数据减去它的月平均值再加上观测的月平均值；对降水等变量的订正方法是，将小时再分析数据除以它的月平均值再乘以观测的月平均值。这样订正之后的再分析数据的月平均值与观测值相等，可用于驱动陆面模式并对气候进行模拟。

21世纪之初，国际上研发了多套利用基于月观测数据插值的格点场来订正再分析数据所生成的大气驱动数据。例如，Zhao(2003)利用 CRU 月观测数据(New et al., 1999, 2000, 2002; Mitchell and Jones, 2005; Harries, 2013)订正了NCEP/DOE再分析数据，建立了一套逐3小时、1°×1° 分辨率的大气驱动数据，其时间长度是1982年6月—1995年12月。Ngo-Duc(2005)利用CRU月尺度数据订正了NCEP/NCAR再分析数据中的气温、相对湿度、风速、气压、降水等变量，并用NASA Langley Research Center研制的SRB数据订正了辐射变量，建立了一套逐 3 小时、1°×1° 分辨率的大气驱动数据——NCC(NCEP/NCAR Corrected by CRU)，其时间长度是1948—2000年。Princeton大学的陆面水文研究组利用CRU TS 2.0月观测数据、GPCP降水数据、TRMM降水数据和GEWEX SRB辐射数据订正了NCEP/NCAR再分析数据，建立了一套逐3小时、1°×1° 分辨率的Princeton大气驱动数据(Sheffield et al., 2006)，其时间长度是1948—2008年。Qian(2006)利用CRU和GPCP等月观测数据订正了NCEP/NCAR再分析数据，建立了一套逐3小时、1.9°×2.5° 分辨率的全球大气驱动数据，其时间长度是1948—2004年。Weedon(2011)基于ERA-40再分析数据，并用月观测数据进行订正，建立了一套1901—2001年的WATCH(Water and Global Change)大气驱动数据。

以上大气驱动数据，尤其是时间覆盖范围较长的Princeton大气驱动数据和Qian(2006)的数据，均得到了比较广泛的应用(Li et al., 2011; 熊明明, 2011; Lawrence, 2011; G. Bala, 2013; Jing Chen, 2013; Trenberth, 2003; Qian, 2006)。尽管如此，这些数据还是存在一些问题。首先，这些数据在气候尺度上仍存在偏差。例如，何杰(2010)发现，Princeton大气驱动数据的气温、气压和比湿数据在国内存在偏差，特别是辐射数据在青藏高原地区呈现系统性的正偏差，而在低海拔地区呈现系统性的负偏差。出现这些偏差的原因之一是，用来订正再分析数据的CRU月观测数据、GPCC降水数据等在国内本来就存在偏差。例如Sun et al.(2014)的研究表明，CRU数据与国内的观测数据相比存在一定的偏差。用有偏差的驱动数据驱动陆面模式，所得到的模拟结果也不可避免地会有偏差。Sun et al.(2014)也发现，CRU月平均气温数据在国内的观测值偏高。所以即便利用这些观测的格点场订正再分析数据，也很难完全去掉偏差。Sheng(2010)应用Princeton大气驱动数据来驱动CLM 3.5陆面模式，对全球的地表能量通量进行长时间的模拟，发现模拟的趋势与观测结果并不是很吻合。应用Qian(2006)的数据驱动陆面模式也存在偏差和误差。

Princeton大气驱动数据等数据的另一个问题是，在小时尺度上误差较大。这主要是因为受陆面的影响，近地面大气变量的再分析数据本身在小时尺度上的误差就比较大。而用月平均值对它们进行订正，并不能消减这些误差。另外，全球再分析数据的空间分辨率相对较低，一般都在0.1°×0.1°以上。如同在1.1节中所阐述的，Princeton大气驱动数据等数据在小时尺度上的精度和空间分辨率对于某些气象、水文和生态学的研究是不够的。

在1.1节中我们提到，利用小时观测数据对再分析数据进行订正是进一步改进现有的全球驱动数据在小时尺度上的精度的一个途径。自2010年以来，北京师范大学郑小谷教授领导的团队对此进行了初步的尝试。他们发展了一套方法(Li et al. 2014)，利用NCDC的全球ISD小时地表观测数据对全球CFSR数据进行订正，产生了全球逐3小时、5千米×5千米分辨率的近地面气温场、相对湿度场、风速场和气压场。本书将对这些数据的建立方案和质量做一个全面的介绍与评估。

1.2.2 中国大气驱动产品

区域和流域尺度的陆面、水文和生态的模拟与同化，需要时空分辨率和精度更高的大气驱动数据。在1.2.1节我们提到，全球再分析数据和由它们衍生的陆面模式大气驱动数据都存在一些缺陷，因此不太适合作为区域陆面模式的大气驱动场。

相比外国研究人员，本国研究人员通常掌握更多的本国观测数据。这些观测数据为他们建立本国的高精度、高时空分辨率的陆面模式大气驱动场提供了条件。这些数据的利用基本上有两种途径：第一种途径是将这些观测数据同化到高时空分辨率的区域陆气耦合模式中，以估计近地面大气变量；第二种途径是将这些观测数据直接插值到陆面模式的格点上。

对于第一种途径，最早的例子是为北美陆面数据同化系统(NLDAS)所生成的大气驱动数据，即美国国家海洋和大气管理局(NOAA)的Eta数据同化系统中近地面大气变量的再分析数据。该同化系统的预报模式是NCEP Eta气象模式和Noah陆面模式的耦合。被同化的观测数据为美国国家环境预报中心气候预测中心(NCEP Climate Prediction Center)的台站日降水观测数据，基于美国国家气象中心(National Weather Service)的多普勒雷达WSR-88D的小时降水观测数据，以及马里兰大学与美国国家环境卫星数据和信息服务中心(National Environmental Satellite Data and Information Service，NESDIS)处理的静止环境卫星下行太阳辐射数据。

NLDAS-1的大气驱动数据分为历史时期(1996—2002年)的驱动数据和实时(1999年至今)的驱动数据，时间分辨率为1小时，空间分辨率为0.125°×0.125°。NLDAS-2在NLDAS-1的基础上，升级了陆面模式的代码和参数，改善了驱动数据的精度，时间覆盖范围也扩展到1979—2008年。

随后，欧盟于2001年12月启动了欧洲陆面数据同化系统(ELDAS)(Van Den Hurk, 2002; Jacobs, 2008)。通过应用法国国家气象研究中心(Centre National de Recherches Météorologiques，CNRM)、德国气象局(Deutscher Wetterdienst，

DWD)和ECMWF三个中心的数值预报模式，分别耦合ISBA、TERRA、TESSEL陆面模式产生了 ELDAS 的驱动数据，其时间分辨率为 1 天，空间分辨率为0.2°×0.2°。再后来，日本、韩国、加拿大等国家也发展了自己的陆面同化系统(JCDAS、KLDAS、CaLDAS)，其中的大气驱动场的研发也都采用了第一种途径。还有一些其他的研究项目，即运行区域气候模式并对观测数据进行同化来产生驱动数据(Fortelius et al., 2002; Mesinger et al., 2006; Black, 1994)。

中国科学院寒旱所和兰州大学合作研发了WCLDAS(West China LDAS)陆面同化系统中的大气驱动场(Huang et al., 2008a, 2008b; Li et al., 2004, 2007)。他们用牛顿松弛法(Nudging)将NCEP再分析数据同化到MM5区域模式中，以生成适合中国西部地区复杂地形的驱动数据。其空间分辨率为 0.25°×0.25°，时间分辨率为6小时，只覆盖2002年。由于没有用到中国气象局的高层次台站观测数据，这个驱动场更像是利用MM5区域模式对NCEP再分析数据生成的动力降尺度产品。

由于在国内缺少用前述第一种途径建立的高时空分辨率、高精度的大气驱动数据，因此很多研究被迫直接使用全球再分析数据来驱动中国陆面模式。但是，由于国内参加国际交换的观测台站不足200个，因此国外的全球再分析数据在国内的表现不尽人意。例如，赵天保(2004)评估了NCEP再分析月平均气温和月降水数据，发现总体上NCEP的气温数据呈负偏差，而降水数据呈正偏差；Wu(2005)发现，20世纪70年代之前的NCEP/NCAR再分析气压数据在亚洲区域有系统性的负偏差；赵天保(2006)发现，NCEP/DOE和ERA-40再分析数据在地形比较复杂、观测台站比较稀疏的中国西部及青藏高原地区的表现不佳，ERA-40 在中国西部地区的降水数据比观测数据偏多，而东部地区的偏少；Ma(2008, 2009)评估了ERA-40、NCEP/NCAR和NCEP/DOE的气温数据，发现这些再分析气温数据在中国西部地区有着非常明显的负偏差；Liu(2012)发现，NCEP 再分析气压数据在黄河北部和淮河流域存在不少问题，ERA-40 再分析数据对中国东部地区的平均年降水量和极值降水都有低估的现象；白磊(2013)发现，NCEP 和 ERA-Interim 再分析数据在天山山区存在明显的偏差；等等。

在有些情况下，如果用全球再分析数据驱动中国陆面模式，则会造成模拟结果的偏差。例如，熊明明等(2011)利用 Princeton 大气驱动数据驱动 CLM 3.0 陆面模式，对国内的土壤湿度进行模拟，发现不但模拟值普遍比观测值高，而且东部中纬度区域的年际变化和黄淮、江淮地区的趋势也模拟得较差。Wang(2011)应用 Princeton 大气驱动数据驱动 CLM 3.5 陆面模式，模拟国内的土壤湿度，结果显示东北地区的土壤模拟值较观测值偏湿，而在西北地区偏干。Wang and Zeng(2013)指出，应用 Princeton 大气驱动数据驱动陆面模式模拟土壤湿度，结果显示在中国东北地区偏湿，而在西北地区偏干。

中国学者更多地使用前述第二种途径(即将观测数据插值到陆面模式的格点上)来建立中国陆面模式驱动场。例如，中国气象局制备了一套基于静止卫星和再分析数据的中国大气驱动数据集(师春香和谢正辉, 2005, 2008; 师春香, 2008; Liu et al., 2009)，其空间分辨率为 0.1°×0.1°，时间分辨率为 1 小时，覆盖范围为东经 75°～135°，北纬 15°～55°，时间长度是 2005 年 7 月 1 日—2010 年 6 月 30 日。对于其中的降水数据，首先融合 FY-2 静止气象卫星反演的和地面观测的 6 小时累积降水数据，然后利用静止卫星反演的云分类确定累积降水数据每个时间段的权重，并且将 6 小时累积降水数据进行插值，得到 1 小时累积降水数据。相关的辐射产品基于 FY-2C 的地表入射太阳辐射数据，并采用 DISORT 辐射传输模型计算得到逐小时太阳辐射数据。其他的驱动变量都是对 NCEP 再分析数据直接进行时间和空间上的插值而得到的。

中国科学院青藏高原研究所研发了一套中国陆面模式大气驱动数据集(Yang et al., 2010; Chen et al., 2011; He, 2010)。该数据集以国际上现有的 Princeton 大气驱动数据、GLDAS 数据、GEWEX-SRB 辐射数据及 TRMM 降水数据为背景场，融合了中国气象局常规气象观测数据制作而成。其时间分辨率为 3 小时，空间分辨率为 0.1°×0.1°，时间长度是 1979—2012 年。

Feng et al.(2004)利用中国 726 个观测台站的数据，建立了一套 1951—2000 年的日尺度、1°×1° 分辨率的格点场(包括地面最高/最低气温、平均地面气温、地表温度、地表空气相对湿度、风速、阵风、日照时数、降水和蒸发量等数据)。沈艳等(2008)采用薄板平滑样条插值方法，对近 55 年以来陆地水汽压的观测台站的数据进行空间插值，得到了中国陆地水汽压的年平均值和月平均值的 1°×1° 分辨率的格点场。中国气象局的张强等(2009)基于简单克里金方法，建立了中国 1951—2007 年 1°×1° 分辨率的地面气温日、月、年平均值的格点场。Xu et al.(2009)基于国内 751 个观测台站的数据，建立了日平均气温、日最高/最低气温的 1961—2005 年 0.5°×0.5° 分辨率的格点场。沈艳等(2010)基于国内 2419 个国家级观测台站的日降水观测数据，采用“基于气候背景场”的最优插值方案，实时生成 0.5°×0.5° 分辨率的格点日降水数据集。Chen et al.(2010)基于国内 753 个观测台站的数据，建立了 1951—2005 年 0.5°×0.5° 分辨率的格点日降水数据集。刘波和马柱国等(2012)以新疆地区 108 个观测台站的数据为基础，结合其他大气驱动场辐射数据[即 Qian(2006)的辐射数据和 Princeton 大气驱动数据的辐射数据]，建立了 1960—2004 年的逐 3 小时、0.5°×0.5° 分辨率的新疆地区陆面模式大气驱动场。

自2010年以来，BNU的研究团队也开展了对中国陆面模式大气驱动场的研究工作，研发了一组独特的大气驱动数据的建立方案，并用它制作了BNU中国陆面模式大气驱动数据(Li et al., 2014)。其时间分辨率为3小时，水平分辨率为5千米×5千米，时间长度是1950—2010年，包括近地面气温、相对湿度、风速、气压、降水、下行短波辐射和下行长波辐射这7个变量。本书将详细地介绍BNU中国陆面模式大气驱动数据的建立方案，并对它的数据质量进行全面的评估。

1.3 研究目标、研究内容和本书概览

1.3.1 研究目标

本书将对全球和国内的台站观测数据与再分析数据的融合方法进行一系列的探索，针对不同的驱动变量找出最合适的方案。我们将所选方案与其他插值方案进行对比，并与其他格点场进行对比，最终形成一套比较成熟且具有一定创新性的融合方案。应用该方案建立全球 1979—2010 年的逐 3 小时、

5 千米×5 千米分辨率的近地面气温场、相对湿度场、风速场和气压场，即 BNU 全球陆面模式大气驱动数据；并且建立中国 1958—2010 年的逐 3 小时、5 千米×5 千米分辨率的大气驱动数据集(包括近地面气温、相对湿度、风速、气压、降水、下行短波辐射和下行长波辐射这 7 个变量)，即 BNU 中国陆面模式大气驱动数据。

1.3.2 研究内容

本书的主要研究内容说明如下。

(1) 利用在小时尺度上的台站观测数据和再分析数据及遥感数据，探索出适合各个驱动变量的融合方案。

(2) 对各个驱动变量场的建立方案进行评估，并且将本书研发的大气驱动数据集的精度与其他再分析数据产品的进行对比。

(3) 建立全球 1979—2010 年的逐 3 小时、5 千米×5 千米分辨率的近地面气温场、相对湿度场、风速场和气压场。

(4) 在单点尺度上运行通用陆面模式(CoLM)以检验驱动数据的精度。分别利用 BNU 全球陆面模式大气驱动数据和 CFSR 数据作为驱动数据，在单点尺度上运行 CoLM，对不同的数据驱动 CoLM 所得到的土壤温度和土壤湿度的模拟结果进行比较。

(5) 建立中国 1958—2010 年的逐 3 小时、5 千米×5 千米分辨率的大气驱动数据集。

1.3.3 本书概览

本书分为 5 章，具体内容如下所示。

- 第 1 章：绪论。主要介绍本书的研究背景，国内外的研究现状，以及本书的研究目标和研究内容。
- 第 2 章：基本数据和方法原理。对本书应用的数据及开发 BNU 全球和中国陆面模式大气驱动数据的方法与评估方案进行详细介绍。

- 第3章：全球近地面气温场、相对湿度场、风速场和气压场的建立与评估。主要介绍BNU全球陆面模式大气驱动数据的建立方案和精度验证方法，通过在单点上运行通用陆面模式(CoLM)来检验BNU全球陆面模式大气驱动数据的精度。
- 第4章：中国大气驱动数据集的建立与评估。主要介绍BNU中国陆面模式大气驱动数据的建立方案及精度验证方法，分别在观测台站尺度和格点尺度上与其他格点场进行精度对比。
- 第5章：总结与展望。对本书讲解的内容和研究成果进行总结，对有待解决的问题进行讨论，并对未来的研究方向进行展望。

第 2 章　基本数据和方法原理

2.1　基本数据

2.1.1　台站观测数据

2.1.1.1　ISD 台站观测数据

用于制备 1979—2010 年全球驱动数据集的近地面气温场、气压场、相对湿度场和风速场的地面台站观测数据，是来自美国国家海洋和大气管理局（NOAA）国家气候数据中心（National Climatic Data Center，NCDC）的综合地面数据库（Integrated Surface Database，ISD）的全球观测数据集（https://www.ncdc.noaa.gov）。ISD收集了大量的气候数据，并且为美国及全世界范围的各个部门、个人提供气候服务和数据。该中心的作用就是保存这些气候数据，并提供给政府、企业、公众和研究人员使用。

ISD 收集了来自 100 多个数据源的全球气象观测数据，ISD 的第一版在 2001 年发布，随后在 2003 年发布的第二版中增加了质量控制，而且后续也有对自动质量控制软件的逐步改进。

ISD 台站观测数据包含很多气象要素，例如，风速和风向、阵风、气温、露点气温、云、海平面气压、高度表拨正、台站气压、当前天气、能见度、不同时期的降水量、雪厚和其他台站观测数据。本书用到的 ISD 数据集为 1979—2010 年的气温、海平面气压、露点气温、风速和风向的观测数据。

ISD 涵盖了世界范围内的 20 000 多个台站的数据，其中有一些可以追溯到 1901 年。目前，有 11 000 多个台站是可用的并且每天都在更新数据。ISD 台站观测数据的空间分布及分区如表 2-1 所示。为了计算方便，世界范围内的观测数据被划分成 17 个区域，每个区域的台站数量少于 800 个。各个区域的经纬度范围如表 2-1 所示。

表 2-1 ISD 台站观测数据的空间分布及分区

分区	1	2	3	4	5
经度范围	20°W～180°W	100°W～140°W	80°W～100°W	40°W～80°W	40°W～120°W
纬度范围	50°N～90°N	30°N～50°N	30°N～50°N	30°N～50°N	10°N～30°N
分区	6	7	8	9	10
经度范围	20°W～100°W	20°W～20°E	20°E～180°E	20°W～20°E	20°E～70°E
纬度范围	70°S～10°N	50°N～90°N	50°N～90°N	25°N～50°N	25°N～50°N
分区	11	12	13	14	15
经度范围	120°E～180°E	20°W～60°E	60°E～100°E	100°E～180°E	100°E～180°E
纬度范围	25°N～50°N	50°S～20°N	10°S～25°N	10°S～25°N	70°S～10°N
分区	16	17			
经度范围	70°E～105°E	105°E～120°E			
纬度范围	20°N～50°N	20°N～50°N			

对于不同的时间段，台站观测数据有不同的观测频次：1979—1989 年的观测频次是每日 1 次(即日观测)，1990—1997 年的观测频次是每日 4 次(分别在世界时的 0 时、6 时、12 时和 18 时)，1998—2010 年都是每日 8 次的观测频次(分别在世界时的 0 时、3 时、6 时、9 时、12 时、15 时、18 时和 21 时)。各个时间段的观测数量如图 2-1 所示。

从图 2-1 中可以看出，1979—1989 年各个变量的日观测在整个时间段内的数据量都比较平稳，气温、露点气温和风速的观测数量都为 8000～9000 个，气压的观测数量为 6000～7000 个。1990—1997 年每日 4 次的观测数量在整个时间段内也相对平稳，其中气温、露点气温和风速的观测数量为 7000～8000 个，气压的观测数量为 5000～6000 个。1998—2010 年各个变量的 3 小时观测数量在一些时刻非常少。从整体上来说，2005 年以后各个变量的 3 小时观测数量都比 20 年前有了不小的增长，2005 年以后气温、露点气温和风速的观测数量达到了 9000 个左右。在整个 1979—2010 年的时间段内，气温和风速的观测数量基本是一致的。

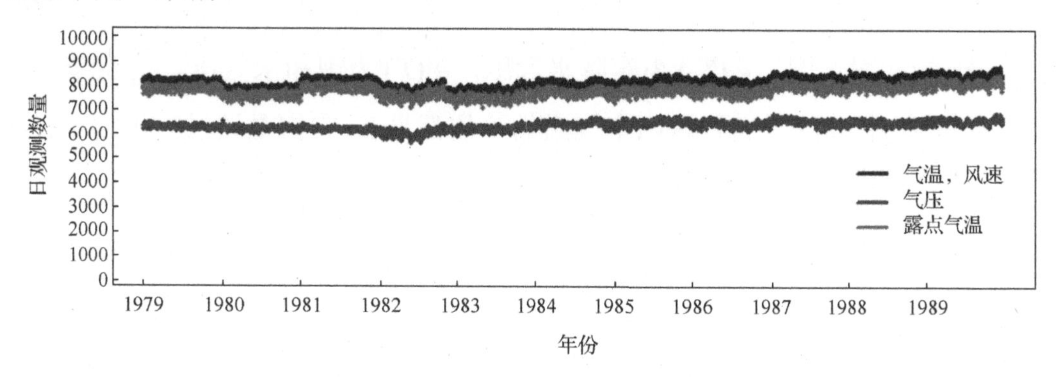

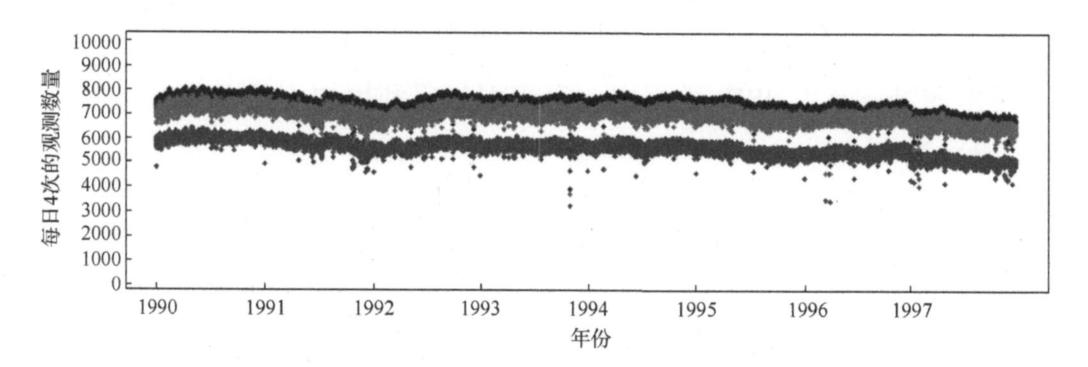

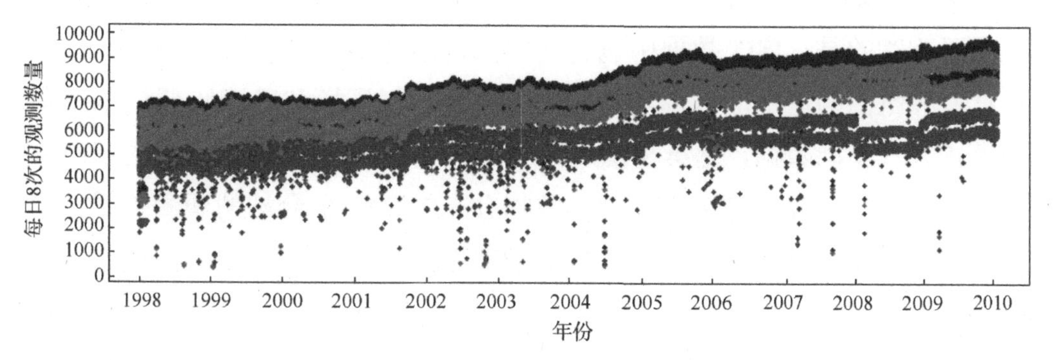

图 2-1　ISD 数据在各个时间段的观测数量

本书根据研究的需要，对下载的原始观测数据进行了处理，其中一项就是将观测的露点气温和气温转化为相对湿度；另一项就是利用高程信息将海平面气压转化为近地面气压。

相对湿度的转化方案如下(Murray, 1967)：

$$\mathrm{rh} = 100 \times e_s(T_d) / e_s(T) \tag{2-1}$$

其中，rh 为相对湿度，$e_s(T_d)$ 为实际水气压，$e_s(T)$ 为饱和水气压。T_d 是露点气温，T 是近地面 2 m 的气温，这两个气温的单位都是 K，它们是通过如下的 Tetens 经验公式计算出来的(盛裴轩等, 2003)：

$$e_s(T_d) = 6.1078 \times \exp\left[\frac{17.2693882 \times (T_d - 273.16)}{T_d - 35.86}\right] \tag{2-2}$$

$$e_s(T) = 6.1078 \times \exp\left[\frac{17.2693882 \times (T - 273.16)}{T - 35.86}\right] \tag{2-3}$$

近地面气压是由 ISD 数据中的海平面气压利用如下的公式转化而来的(Slonosky, 2001)：

$$p_{\mathrm{slp}} = \frac{p_{\mathrm{org}}}{1 + qT} \cdot \exp\left(\frac{hg}{287(T + 273.3)}\right) \tag{2-4}$$

其中，p_{slp} 为海平面气压；p_{org} 为近地面气压；$q = 1.818 \times 10^{-4}$；T 是气温，单位是℃；h 是高度，单位是 m；$g = 9.81\ \mathrm{m/s^2}$。

需要注意的是，ISD 数据中包含的国内台站并不多，大约为 300 个。本书在计算世界范围的近地面气温场、相对湿度场、气压场和风速场(即 BNU 全球陆面模式大气驱动数据，见第 3 章)时，并没有加入中国气象局公布的国内台站观测数据。之后，我们将应用中国气象局公布的 740 个台站的观测数据，建立中国的高时空分辨率、高精度的大气驱动数据集(即 BNU 中国陆面模式大气驱动数据，见第 4 章)。

2.1.1.2　国内台站观测数据

本书用于研究 1958—2010 年国内驱动数据的观测数据，来自中国气象局(China Meteorological Administration，CMA)气象信息中心常规气象要素 740 个台站的观测数据(http://www.nmic.cn/data/cdcindex.html)，其中 2007—2010 年的

BNU 中国陆面模式大气驱动数据是由中国国家气象信息中心(National Meteorological Information Center of China，NMIC)计算完成的。这里涉及的观测变量有：近地面 1.5 m 的气温、气压、相对湿度，近地面 10 m 的风速，累积降水和日照时数(用于产生辐射场)。由 NMIC 提供的观测数据是经过质量控制的，并且误差控制在 2%以内(任芝花等, 2007; 中国气象局, 2003)。为了使计算更加准确和方便，我们将国内分成四个区域：1 区、2 区、3 区、4 区，分区方法如表 2-2 所示。在计算过程中，将经纬度的坐标投影到平面直角坐标系中并转换成千米坐标。

表 2-2　国内的分区信息(单位：km)

名称	顶点 1	顶点 2	顶点 3	顶点 4	顶点 5
1 区	(–2600, 2200)	(–1000, 3100)	(–600, 2500)	(–600, 2500)	(–2100, 500)
2 区	(–700, 2500)	(300, 2000)	(300, –500)	(–700, –500)	
3 区	(200, 2000)	(1400, 3500)	(2700, 2800)	(1800, 1200)	(200, 1200)
4 区	(200, 1300)	(1900, 1300)	(1900, 300)	(800, –900)	(200, –900)

经纬度的坐标转换成千米坐标的 R 软件函数的程序代码如下：

```
devide=function(i,obs)
{
#######====Vertax of W================#####################
xw1=-2600; yw1=2200
xw2=-1000; yw2=3100
xw3=-600; yw3=2500
xw4=xw3; yw4=200
xw5=-2100; yw5=500
######=====Vertax of MW===============#####################
xmw1=-700; ymw1=2500
xmw2=300; ymw2=2000
xmw3=300; ymw3=-500
xmw4=xmw1; ymw4=-500
#######====Vertax of NE===============#####################
xne1=200; yne1=2000
xne2=1400; yne2= 3500
xne3=2700; yne3=2800
```

```
xne4=1800; yne4=1200
xne5=xne1; yne5=yne4
#######====Vertax of SE==============####################
xse1=200; yse1=1300
xse2=1900; yse2= yse1
xse3=xse2; yse3=300
xse4=800; yse4= -900
xse5=xse1; yse5= -900
#################################
j=2;

if (i==1)
{
ind.1_2=(obs[,j+1]<((yw1-yw2)/(xw1-xw2)*(obs[,j]-xw1)+yw1))
ind.3_2=(obs[,j+1]<((yw3-yw2)/(xw3-xw2)*(obs[,j]-xw2)+yw2))
ind.3_4=(obs[,j]<xw3)
ind.4_5=(obs[,j+1]>((yw4-yw5)/(xw4-xw5)*(obs[,j]-xw5)+yw5))
ind.5_1=(obs[,j+1]>((yw5-yw1)/(xw5-xw1)*(obs[,j]-xw1)+yw1))
obs_out= obs[ind.1_2&ind.3_2&ind.3_4&ind.4_5&ind.5_1,]
}
if (i==2)
{
ind.1_2=(obs[,j+1]<((ymw1-ymw2)/(xmw1-xmw2)*(obs[,j]-xmw2)+ymw2))
ind.2_3=(obs[,j]<xmw2)
ind.3_4=(obs[,j+1]>ymw3)
ind.4_1=(obs[,j]>xmw4)
obs_out=obs[ind.1_2&ind.2_3&ind.3_4&ind.4_1,]
}
if (i==3)
{
ind.1_2=(obs[,j+1]<((yne1-yne2)/(xne1-xne2)*(obs[,j]-xne2)+yne2))
ind.2_3=(obs[,j+1]<((yne2-yne3)/(xne2-xne3)*(obs[,j]-xne3)+yne3))
ind.3_4=(obs[,j+1]>((yne3-yne4)/(xne3-xne4)*(obs[,j]-xne4)+yne4))
ind.4_5=(obs[,j+1]>yne5)
ind.5_1=(obs[,j]>xne5)
obs_out=obs[ind.1_2&ind.2_3&ind.3_4&ind.4_5&ind.5_1,]
```

```
}
if (i==4)
{
ind.1_2=(obs[,j+1]<yse1)
ind.2_3=(obs[,j]<xse2)
ind.3_4=(obs[,j+1]>((yse3-yse4)/(xse3-xse4)*(obs[,j]-xse4)+yse4))
ind.4_5=(obs[,j+1]>yse4)
ind.5_1=(obs[,j]>xse1)
obs_out=obs[ind.1_2&ind.2_3&ind.3_4&ind.4_5&ind.5_1,]
}

obs_out
}
```

这套观测数据的不同变量在不同时间段的观测频次也不同。其中降水和日照时数这两个变量在整个 1958—2010 年驱动数据的制备过程中采用的是日观测数据。对于近地面气温、相对湿度、风速和气压的观测数据，1958—1989 年采用的是日观测数据，1990—1997 年采用的是 6 小时观测数据；1998 —2010 年采用的是 3 小时观测数据。

图 2-2 展示了本书所用到的 1958—2010 年降水和日照时数的日观测数量，可以看出，降水的日观测数量在 1958—1962 年期间是直线上升的，在 1962 年以后处于基本稳定的状态。对于降水和日照时数，大部分时间内的观测数量都基本持平，但在 1975 年，日照时数的观测数量偏低(500 个左右)，而在 2006 年以后，观测数量又有一个大幅度的提升。

1958—1989 年的近地面气温、气压、相对湿度和风速的日观测数量如图 2-3 所示，从图中可以看出这 4 个变量的观测数量基本一致，只有气温在 1975 年的观测数量最少(500 个左右)。

1990—1997 年的观测数据的时间分辨率是 6 小时。这个阶段的近地面气温、气压、相对湿度和风速的观测数量都很稳定，基本维持在 680 个左右(这里不再展示)。

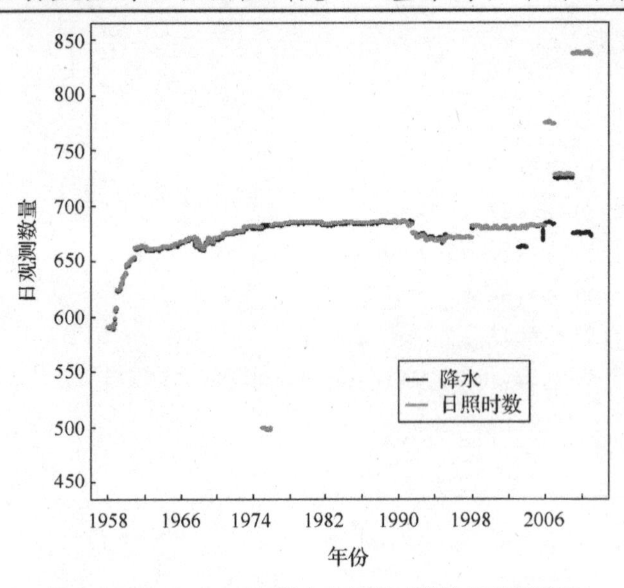

图 2-2　1958—2010 年降水和日照时数的日观测数量

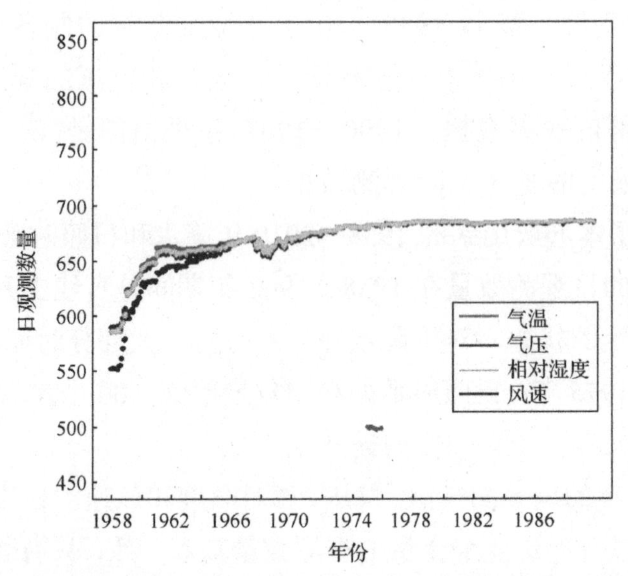

图 2-3　1958—1989 年的近地面气温、气压、相对湿度和风速的日观测数量

1998—2010 年的观测数据的时间分辨率虽然都是 3 小时，但是 1998—2006 年期间的 3 小时观测数量很不均匀(3 时、9 时、12 时、15 时、21 时的观测数量比 0 时、6 时、12 时、18 时的观测数量少很多)。图 2-4 中展示了 1998—2006 年的观测数据。

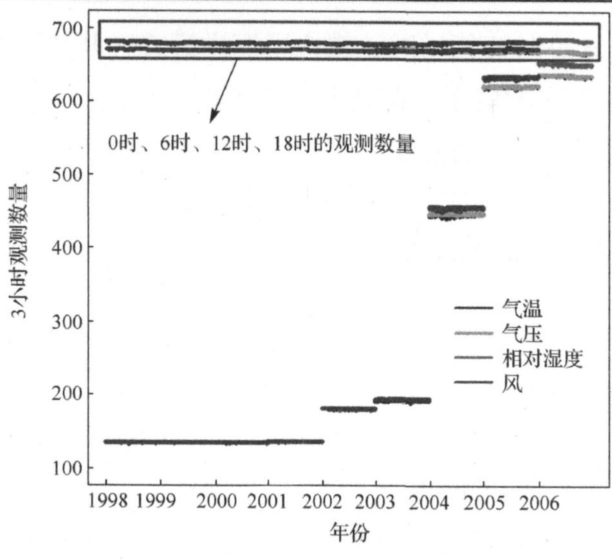

图 2-4　1998—2006 年的观测数据

2.1.2　再分析数据

2.1.2.1　CFSR 数据

本书在建立大气驱动数据的过程中也应用了 CFSR 数据中逐 3 小时的近地面气温、相对湿度、风速和气压数据(https://rda.ucar.edu/datasets/ds093.1/)，其中 0 时、6 时、12 时、18 时使用的是再分析数据，3 时、9 时、15 时、21 时使用的是预报数据。CFSR 数据是美国国家环境预报中心(NCEP)推出的一套全球耦合再分析数据(Saha et al., 2010; 2013)，研发这套数据集的主要目的，就是为大气、海洋、陆地和海冰模式提供初始场。

CFSR 数据中大气数据的空间分辨率为 0.3125° ×0.3125° (水平分辨率为 38 千米×38 千米)，有 37 个气压层，时间长度是 1979—2011 年，同化的时间间隔是 6 小时，并且有逐小时的预报产品。

CFSR 数据在整个时间段内都对卫星观测的辐射率进行了同化，这是 NCEP 首次将卫星辐射率直接同化到它的全球再分析产品中。CFSR 数据采用的模式分辨率是 T382，水平分辨率约为 38 千米×38 千米，垂直分层是 64 层等 δ 面，模式顶层为 0.266 hPa，相比于 NCEP 之前的模式在各方面都有了较大的提高。

CFSR 数据在产生 6 小时初猜场时还耦合了海洋模式，并加入交互的海冰模式，在辐射的参数化方案中考虑了二氧化碳、气溶胶和其他痕量气体的变化。CFSR 的陆面模式采用了 Noah 陆面模式。本书用到了 1979—2010 年 CFSR 数据中的近地面气温、气压、相对湿度、风速和降水数据。

2.1.2.2 ERA-Interim 再分析数据

ERA-Interim 再分析数据(Dee et al., 2011; Simmons et al., 2007a, 2007b; Uppala et al. 2008)是欧洲中期预报中心(ECMWF)发布的一套全球大气再分析数据(https://www.ecmwf.int/en/forecasts/datasets/reanalysis-datasets/era-interim)。研发这套数据的主要目的，就是为了弥补 ERA-40(Uppala et al., 2005)和 ERA-15(Gibson et al., 1997)再分析数据的不足(如不适合水文过程的描述)，提高平流层环流过程的质量，以及对观测系统进行偏差订正。

这套数据的时间覆盖范围已经向前延伸至 1979 年，并且数据实时更新。ERA-Interim 的模式分辨率是 T255，垂直分层是 60 层(Dee et al., 2009; 2011)，地表数据集的时间分辨率是 3 小时。

ERA-Interim 在 ERA-40 的基础上，改进了相关的模式分辨率与数据同化方案，其中包括：应用 12 小时的四维变分方案；应用 T255 的模式分辨率；改进了背景误差限制公式；应用新的湿度方案；提高了数据质量控制；改进了模式物理过程；改进了卫星辐射数据的偏差订正和相关问题；更广泛地应用辐射数据；改进了快速辐射传输模型。ERA-Interim 的输出结果也比 ERA-40 的更丰富，比如气压层数由 ERA-40 的 23 层提高到 37 层，并且也包含了云参数。ERA-Interim 的数据分辨率也比 ERA-40 的高。

本书用到了 ERA-Interim 再分析数据中的近地面气温、相对湿度、风速和气压数据，其时间分辨率是 3 小时，空间分辨率是 0.125°×0.125°。

2.1.2.3 Princeton 大气驱动数据

Princeton 大气驱动数据是 Princeton 大学开发的一套专门用于驱动陆面水文和能量收支模型的长时间序列的全球近地面气象要素数据集(Sheffiled et al., 2004, 2006; http://hydrology.princeton.edu)。该数据集的时间分辨率是 3 小时，空间分辨率是1°×1°，时间长度是1948—2008年。Princeton大气驱动数据包含7个变量：近地面气温、气压、相对湿度、风速、下行短波辐射和下行长波辐射、降水率。

Princeton大气驱动数据的制备过程中需要用到的数据集包括：

- NCEP/NCAR(NCEP-1)再分析数据
- CRU(Climatic Research Unit)月尺度气候数据
- 全球降水气候学项目(Global Precipitation Climatology Project，GPCP)日尺度降水数据
- 热带降水测量计划(Tropical Rainfall Measuring Mission，TRMM)3小时降水数据
- NASA Langley的月尺度地表辐射收支数据

Princeton大气驱动数据是基于NCEP-1再分析数据，利用CRU的月观测数据进行订正，再进行空间降尺度而得到的。本书用到了Princeton大气驱动数据中的近地面气温、气压、相对湿度、风速和下行短波辐射数据。

2.1.3　遥感数据

2.1.3.1　CMORPH降水数据

本书在建立1998年以后的中国降水格点场时，用到了NOAA气候预测中心(Climate Prediction Center，CPC)研发的CMORPH(CPC Morphing Technique)高时空分辨率的卫星反演降水产品(https://climatedataguide.ucar.edu/climate-data/cmorph-cpc-morphing-technique-high-resolution-precipitation-60s-60n)。这种降水估计技术(Joyce et al., 2004)采用了低轨道卫星的微波观测估计，而低轨道卫星的微波降水估计的特点是利用来自静止卫星的红外数据实现信息的空间传递。到目前为止，在CMORPH降水数据中，融合了各种卫星上的被动微波降水估计，包括：DMSP 13, 14 & 15(SSM/I)；NOAA-15, 16, 17 & 18(AMSU-B)；AMSR-E；TMI aboard NASA's Aqua；TRMM；等等。这些降水估计利用了Ferraro(1997)反演SSM/I数据、Ferraro et al.(2000)反演AMSU-B数据和Kummerow et al.(2001)

反演 TMI 数据所用的方法。注意，这种技术不是使用一种降水估计方法，而是融合了现有的微波降水估计的各种方法。因此，这种技术的使用非常灵活，来自任意一颗卫星的微波降水估计都可以包含进来。

原始 CMORPH 降水数据的水平分辨率是 8 千米×8 千米，时间分辨率是 30 分钟，本书所采用的 CMORPH 降水数据的空间分辨率是 0.25° ×0.25° ，时间分辨率是 3 小时。

2.1.3.2 GEWEX SRB 下行短波辐射数据

NASA 的 GEWEX SRB 项目是 GEWEX 关于辐射研究的一个重要组成部分，该项目旨在产生能够预测短暂气候变化和长期气候趋势的精确的地表、大气层顶、大气短波/长波辐射通量。本书使用 GEWEX SRB 项目提供的地表下行短波辐射数据（http://www.gewex.org/data-sets-surface-radiation-budget-srb/），所用的短波数据集的版本是 3.0，其空间分辨率是 1° ×1° ，时间长度是 1983—2007 年。

2.2 方法原理

2.2.1 基于薄板平滑样条模型建立驱动变量的趋势面

在本书中，某一时刻的驱动变量 u（例如，气温）可以假定分解为

$$u(x,y)=f(x,y)+\sum_{r=1}^{p}\beta_r\psi_r(x,y)+\varepsilon(x,y) \tag{2-5}$$

其中，(x,y) 表示经纬度，$\psi_r(r=1,2,\cdots,p)$ 是给定的协变量函数（例如高程）；β_r 是回归系数；f 是二阶薄板平滑样条函数（下面将详细介绍）；ε 为误差，它是独立同分布的。式(2-5)右边的前两项被合称为变量的趋势面。只要确定了样条函数的系数和回归系数，就可以确定趋势面相对于经纬度的函数关系。若想获得任意一点的插值，只需将该点的经纬度代入趋势面的函数即可。

二阶薄板平滑样条函数是对经度 $\{x_1,x_2,\cdots,x_n\}$ 和纬度 $\{y_1,y_2,\cdots,y_n\}$ 上的 n 维观测向量 $\boldsymbol{u}_o=[u_o(x_1,y_1),u_o(x_2,y_2),\cdots,u_o(x_n,y_n)]$ 定义的，它具有如下形式：

$$f(x,y)=d_1+d_2x+d_3y+\sum_{i=1}^{n}c_i\left[(x-x_i)^2+(y-y_i)^2\right]\times\log\left[(x-x_i)^2+(y-y_i)^2\right]^{1/2} \tag{2-6}$$

和限制条件：

$$\sum_{i=1}^{n}c_i=0,\ \ \sum_{i=1}^{n}c_ix_i=0,\ \ \sum_{i=1}^{n}c_iy_i=0 \tag{2-7}$$

其中，$c_i(i=1,\cdots,n)$和$d_i(i=1,2,3)$是样条系数。

由式(2-6)和式(2-7)可知，样条函数f的自由度与观测值的个数相同，所以不能使用最小二乘法估计样条系数。因为这样做会使估计的样条函数通过每一个观测值，而无观测值的区域的误差将会很大。在估计样条系数和回归系数时，不但要使趋势面靠近观测值，也要使样条函数尽量平滑以控制趋势面在无观测值的区域的误差。在实际操作中，将这些系数取为使得以下目标函数最小的值，

$$\frac{1}{n}\sum_{i=1}^{n}\left(f(x_i,y_i)+\sum_{r=1}^{p}\beta_r\psi_r(x_i,y_i)-z_i\right)^2+\lambda J_2(f) \tag{2-8}$$

其中，第一项计算估计值与观测值的偏差，代表误差的规模(拟合结果与观测值的差距)，第二项用来衡量拟合函数的粗糙程度，代表样条的平滑性；λ是平滑参数，用于平衡误差规模和平滑性。另外，

$$J_2(f)=\iint\sum_{j=0}^{2}\binom{2}{j}\left(\frac{\partial^2 f}{\partial x^j\partial y^{2-j}}\right)\mathrm{d}x\mathrm{d}y \tag{2-9}$$

被称为罚函数(penalty function)，其值越大代表f越粗糙，λ在求最优f的过程中的作用很大。

下面进一步进行分析。注意，平滑参数λ的作用类似于权重，我们把最优化条件(2-8)看成$J_2(f)$与$R=\frac{1}{n}\sum_{i=1}^{n}\left(f(x_i,y_i)+\sum_{r=1}^{p}\beta_r\psi_r(x_i,y_i)-z_i\right)^2$的加权求和，即$R$的权重为 1，$J_2(f)$的权重为$\lambda$。因此，$\lambda$越大，说明$J_2(f)$的作用越大(对于整个函数值的贡献越大)，$f$的平滑性越被看重，这样求出的最优$f$会更加平

滑；反之，λ越小，得到的f越粗糙，但它和观测值的吻合性更好，也就是这种拟合过程的结果更加接近真值。

为了获得满意的结果，首先要选择合适的λ，因此需要确定一种有关λ优劣的评价指标。我们考察如下的均方偏差，其中g_λ是一个带有回归项的薄板平滑样条函数，代表在给定λ的情况下求出的最优函数：

$$T(\lambda)=\frac{1}{n}\sum_{k=1}^{n}\left[g_\lambda(x_k,y_k)-g(x_k,y_i)\right]^2 \tag{2-10}$$

估计样条系数的关键技术是对平滑参数λ的估计。因为λ确定后，目标函数(2-8)只是样条系数和回归系数的二次函数，在满足限制条件(2-7)下求极小值时，该目标函数的各项系数就有显式表达式(即有具体的求解公式)。希望寻找λ，使得T最小，这里对λ的评价指标采用$T(\lambda)$的期望$E(T(\lambda))$，但是$E(T(\lambda))$在ε的方差已知的情况下才能求出。如果ε的方差未知，则只能通过广义交叉验证(General Cross-Validation，GCV)来对$E(T(\lambda))$进行估计，下面我们简要进行描述。

基于希尔伯特空间上的正交再生核理论(Wahba,1990)，GCV评价函数$V(\lambda)$的定义如下：

$$V(\lambda)=\frac{1}{n}\sum_{k=1}^{n}\left[g_{\lambda,k}(x_k,y_k)-u_k\right]^2 w_k(\lambda) \tag{2-11}$$

λ应取使目标函数(2-11)达到极小值的值。其中$g_{\lambda,k}$是一个带有回归项的薄板平滑样条函数，其样条系数和回归系数的取值，应使目标函数(2-8)在限制条件(2-7)下取极小值，并且这个计算去除了第k个观测点。$w_k(\lambda)$是反映数据空间分布不均匀性和边界效应的权重：

$$w_k(\lambda)=\frac{\left[1-a_k(\lambda)\right]^2}{\left[1-n^{-1}\mathrm{Tr}\boldsymbol{A}(\lambda)\right]^2} \tag{2-12}$$

其中，矩阵$\boldsymbol{A}(\lambda)$可通过求解如下方程得到：

$$\left[g_\lambda(x_1,y_1),\cdots,g_\lambda(x_n,y_n)\right]^{\mathrm{T}}=\boldsymbol{A}(\lambda)\boldsymbol{u}^{\mathrm{T}}_{\text{o}} \tag{2-13}$$

其中，g_λ 是给定 λ 时用目标函数(2-8)和限制条件(2-9)估计的带有回归项的薄板平滑样条函数。此外，$a_k(\lambda)$ 是矩阵 $\boldsymbol{A}(\lambda)$ 对角线上的第 k 个元素。

从 $V(\lambda)$ 的定义(2-11)可见，对每一个 λ，为了得到 $g_{\lambda,k}(x_k,y_k)$ $(k=1,\cdots,n)$，需要对目标函数(2-11)反复求极小值 n 次，因此计算量相当大。但 Wahba(1990)指出，可以将 $V(\lambda)$ 写成如下形式：

$$V(\lambda)=\frac{n\left\|\left[\boldsymbol{I}-\boldsymbol{A}(\lambda)\right]\boldsymbol{U}^{\mathrm{T}}\right\|^2}{\mathrm{Tr}\left[\boldsymbol{I}-\boldsymbol{A}(\lambda)\right]^2} \tag{2-14}$$

其中，$\| \ \|$ 是欧几里得空间的距离(即欧氏距离)。这样就避免了对目标函数(2-11)求 n 次极小值，从而大大地提高了计算效率。另外，误差 ε 的方差还可简单地估计为

$$\hat{\sigma}^2=V(\hat{\lambda})/n \tag{2-15}$$

其中，$\hat{\lambda}$ 为平滑参数的最优估计。尽管不少研究表明，二阶薄板平滑样条模型插值方法是克里金(Kriging)方法取方差函数为 $x\log(x)$ 时的特例(Ripley, B. D., 1999)，但是 λ 的快速算法却是薄板平滑样条模型插值方法的特色。

由于在确定趋势面的函数时用到了交叉验证原理，所以插值在观测稀疏区域的误差最小。另一方面，趋势面与观测的残差往往显著大于观测的仪器误差。这是因为观测集合相对于变量 u 的空间变化往往比较稀疏，使得一部分本应属于趋势面的变化归入误差。

2.2.2　趋势面的残差订正

2.2.1 节提到，利用交叉验证原理估计的趋势面与观测结果的残差往往过大。这在早期被视为薄板平滑样条模型插值方法的缺点。而其他的插值方法，例如 Cressman 插值和 Barnes 插值等，就不会存在这个问题(Zheng and Basher, 1995)。在本节中，我们将用残差订正方法来克服这一缺点。

首先，使用简单克里金方法对趋势面残差场 $\{\varepsilon(x_i,y_i),i=1,\cdots,n\}$ 进行插值，得到在点 (x,y) 处的插值结果为

$$\eta(x,y)=\begin{pmatrix} c(\|x,y;x_1,y_1\|) \\ \vdots \\ c(\|x,y;x_n,y_n\|) \end{pmatrix}^{\mathrm{T}} \begin{pmatrix} c(\|x_1,y_1;x_1,y_1\|) & \cdots & c(\|x_1,y_1;x_n,y_n\|) \\ \vdots & & \vdots \\ c(\|x_n,y_n;x_1,y_1\|) & \cdots & c(\|x_n,y_n;x_n,y_n\|) \end{pmatrix}^{-1} \begin{pmatrix} \varepsilon(x_1,y_1) \\ \vdots \\ \varepsilon(x_n,y_n) \end{pmatrix} \tag{2-16}$$

其中$\|x,y;x_i,y_i\|$表示点(x,y)和点(x_i,y_i)之间的欧氏距离，c 是一个单调非负函数的协方差函数。然后，将残差场的插值叠加到趋势面后就得到最后的插值场：

$$\hat{u}(x,y)=f(x,y)+\sum_{r=1}^{p}\beta_r\psi_r(x,y)+\eta(x,y) \tag{2-17}$$

在本书中，协方差函数 c 的估计是在“$\varepsilon(x_i,y_i)$和$\varepsilon(x_j,y_j)$的协方差只与两点间的距离$\|x_i,y_i;x_j,y_j\|$有关”的假设下进行的。具体方法如下：将观测集合按两点间的距离分为若干点对的集合，在每一个集合内计算点对的协方差，以构造一个随距离变化的序列；然后利用一维薄板平滑样条模型拟合这个序列，就可以得到协方差函数 c。

2.2.3 时间降尺度

在某些情况下，观测数据每日取 4 次，分别为世界时的 0 时、6 时、12 时、18 时，因此只能在这 4 个时刻进行插值。这时其他 4 个时刻(世界时的 3 时、9 时、15 时、21 时)的值将取为其相邻时刻的平均值。

如果只存在日平均观测数据，则只能得到插值的日尺度数据。这时，可以利用插值的日尺度数据来订正某个 3 小时的辅助数据，从而达到时间降尺度的目的。根据不同的情况，这个辅助数据可以是 CFSR 数据、Princeton 大气驱动数据、GEWEX SRB 下行短波辐射数据等。对于气温、气压、风速和辐射等变量，将 3 小时的辅助数据减去它的日平均数据再加上插值的日尺度数据(加法原则)；对于降水和相对湿度等变量，将 3 小时的辅助数据除以它的日平均数据再乘以插值的日尺度数据(乘法原则)。这样订正之后的辅助数据的日平均值与插值的日观测值相等。

加法原则(用于气温、气压、风速、辐射)以气温为例，将 3 小时的辅助数据减去它的日平均数据再加上插值的日尺度数据：

$$t_{3j\_\text{hourly}} = t_{3j\_\text{hourly}}^{\text{reanalyze}} - \frac{1}{8}\sum_{j=1}^{8} t_{3j\_\text{hourly}}^{\text{reanalyze}} + \hat{t}_{\text{daily}}^{\text{obs}} \tag{2-18}$$

其中，$t_{3j\_\text{hourly}}^{\text{reanalyze}}$ 是由再分析数据插值得到的逐 3 小时、5 千米×5 千米分辨率的数据(这里 $j=1,2,\cdots,8$)。1958—1978 年应用的数据是 Princeton 大气驱动数据，1979—1989 年应用的数据是 CFSR 数据。$\hat{t}_{\text{daily}}^{\text{obs}}$ 是用 2.2.1 节和 2.2.2 节中的方法建立的日气温格点场。

乘法原则(用于相对湿度、降水)以相对湿度为例，将 3 小时的辅助数据除以它的日平均数据再乘以插值的日尺度数据：

$$\text{rh}_{3j\_\text{hourly}} = \hat{\text{rh}}_{\text{daily}}^{\text{obs}} \cdot \frac{\text{rh}_{3j\_\text{hourly}}^{\text{reanalyze}}}{\sum_{i=1}^{8} \text{rh}_{3j\_\text{hourly}}^{\text{reanalyze}}} \tag{2-19}$$

其中，$\text{rh}_{3j\_\text{hourly}}^{\text{reanalyze}}$ 是由再分析数据插值得到的逐 3 小时、5 千米×5 千米分辨率的数据，$\hat{\text{rh}}_{\text{daily}}^{\text{obs}}$ 为相对湿度的日观测数据插值得出的估计结果。对于相对湿度，结果大于 100 的部分，将其变为 100；对于相对湿度和降水，结果小于 0 的部分，将其变为 0。

将上述提到的再分析数据插值到 3 小时的 5 千米×5 千米格点上的方法如下。前面提到过，Princeton 大气驱动数据是为了驱动陆面水文模型而建立的一套全球近 60 年的逐 3 小时、1°×1°分辨率的再分析数据；CFSR 数据是一套 1979 年至今全球范围的逐 6 小时、0.3125°×0.3125°分辨率的再分析数据。如果使用时间分辨率为 3 小时的 Princeton 大气驱动数据，那么只需将其插值到 5 千米×5 千米格点上，就能得到逐 3 小时、5 千米×5 千米分辨率的插值结果。如果采用时间分辨率为 6 小时的 CFSR 数据，那么先将前后时刻的再分析数据平均后求出 3 小时的数据，然后再把它插值到 5 千米×5 千米格点上即为所求。

我们应用 R 软件包中的多项式回归函数 loess 来解决这个问题，以气温为例，拟合程序为

$$\text{loess}(t_{\text{reanalyze}} \sim x_{\text{reanalyze}} + y_{\text{reanalyze}}) \tag{2-20}$$

其中，$t_{\text{reanalyze}}$ 是时间分辨率为 3 小时的气温再分析数据，$x_{\text{reanalyze}}$ 和 $y_{\text{reanalyze}}$ 为再分析数据的经纬度信息。利用这三个变量建立模型，就可以根据 5 千米×5 千米格点的经纬度信息预报出再分析数据并插值到 5 千米×5 千米格点，得到 5 千米×5 千米格点的插值结果。

2.2.4　空间拼接

如果一个区域中的数据较多，使用薄板平滑样条模型拟合该区域的数据计算量会比较大。我们将世界和中国分别划分为多个区域。首先在每一个区域上进行空间插值，然后再拼接各个区域上的插值结果。

在本书中，分区的第一个原则是使区域的观测数量少于 800。这主要是为了减少薄板平滑样条模型拟合数据的计算量。分区的第二个原则是使区域内的观测数据尽量分布均匀。事实上观测数据的分布在整个区域上并不均匀，如果不进行分区，则整个区域只能有一个平滑参数 λ。这显然不太合理。而分区可以对不同的观测数据密度采用不同的平滑参数，从而减少误差。分区的第三个原则是使区域的边界尽量规范化，特别是所有的边界都在经纬线上，以便下述的区域拼接过程可以按顺序进行。

若格点处于两个区域的重合部分，则按照点到两个区域边界距离的比例，对两个区域中的插值进行加权平均。直观来讲，假定某格点同时落在区域 1 和区域 2 的重合地带，并在区域 1 和区域 2 中存在两个不同的插值；如果格点距区域 1 边界的距离比距区域 2 边界的距离更近，则区域 1 的插值权重更小，而区域 2 的插值权重更大，反之亦然。

2.2.5　订正场误差协方差的估算

由于几乎可以忽略观测误差，因此假定对于每一个观测点 (x_j, y_j)，观测值等于真值，即 $t(x_j, y_j) = t_{\text{obs}}(x_j, y_j)$。任意两点 (x_1, y_1) 和 (x_2, y_2) 之间趋势面的协方差为

$$\begin{aligned}\text{cov}(t_{\text{trend}}(x_1,y_1),t_{\text{trend}}(x_2,y_2)) &\equiv E(t_{\text{trend}}(x_1,y_1)-t(x_1,y_1))(t_{\text{trend}}(x_2,y_2)-t(x_2,y_2)) \\ &= E(\varepsilon(x_1,y_1)\varepsilon(x_2,y_2)) \\ &= \sigma^2 c_{12}\end{aligned} \tag{2-21}$$

其中，c_{12} 是 $\varepsilon(x_1,y_1)$ 和 $\varepsilon(x_2,y_2)$ 之间的相关系数，并假定它只与两点的距离 d_{ij} 有关，即 $c_{ij}=c(d_{ij})$。函数 $c(d)$ 可以通过 R 软件 spatial 程序包中的函数 correlogram 实现。

订正场中任意两点 (x_1,y_1) 和 (x_2,y_2) 之间的协方差为

$$\begin{aligned}&\text{cov}\left(t_{\text{adj}}(x_1,y_1),t_{\text{adj}}(x_2,y_2)\right) \\ &\equiv E\left[\left(t_{\text{adj}}(x_1,y_1)-t(x_1,y_1)\right)\left(t_{\text{adj}}(x_2,y_2)-t(x_2,y_2)\right)\right] \\ &= E\left[\begin{array}{l}\left(t_{\text{trend}}(x_1,y_1)-t(x_1,y_1)+\sum_{i=1}^{m(x,y)}\left(\frac{w_{i1}^2}{\sum_k w_{1k}}\cdot\left(t_{\text{obs}}(x_i,y_i)-t_{\text{trend}}(x_i,y_i)\right)\right)\right) \\ \cdot\left(t_{\text{trend}}(x_2,y_2)-t(x_2,y_2)+\sum_{i=1}^{m(x,y)}\left(\frac{w_{1i}^2}{\sum_k w_{1k}}\left(t_{\text{obs}}(x_i,y_i)-t_{\text{trend}}(x_i,y_i)\right)\right)\right)\end{array}\right] \\ &= \sigma^2\left[c_{12}-\sum_{j=1}^{m(x,y)}\left(\frac{w_{2j}^2 c_{1j}}{\sum_k w_{2k}}\right)-\sum_{i=1}^{m(x,y)}\left(\frac{w_{1i}^2 c_{2i}}{\sum_k w_{ik}}\right)+\sum_{i,j}\left(\frac{w_{1i}^2}{\sum_k w_{1k}}\cdot\frac{w_{2i}^2}{\sum_k w_{2k}}\cdot c_{ij}\right)\right]\end{aligned} \tag{2-22}$$

类似地，订正场在任意一点 (x_0,y_0) 的方差估计为

$$\text{var}\left(t_{\text{ads}}(x_0,y_0)\right)=\sigma^2\left[1-2\sum_{j=1}^{m(x_0,y_0)}\left(\frac{w_{0j}^2}{\sum_k w_{0k}}\cdot c_{0j}\right)+\sum_{i,j}\left(\frac{w_{0i}^2\cdot w_{0j}^2}{\left(\sum_k w_{0k}\right)^2}\cdot c_{i,j}\right)\right] \tag{2-23}$$

如果 (x_j,y_j) 是影响半径 R 的唯一一个点，则订正场的方差估计为

$$\text{var}\left(p_a(x_0)\right)=\sigma_b^2\left(1-2w_{0j}c_{0j}+w_{0j}^2\right) \tag{2-24}$$

2.2.6 评价指标

评价两个插值方案的基本思路是：将观测值视为真值的参考值，确定哪一种插值方案的插值结果离观测值更近。其中一个评价指标是均方根误差

(Root-Mean-Square Error，RMSE)值，即

$$\mathrm{RMSE} \equiv \sqrt{\frac{1}{N}\sum_{i=1}^{N}\left(\tilde{u}\left(x_i, y_i\right) - u_o\left(x_i, y_i\right)\right)^2} \tag{2-25}$$

其中，N是研究的区域所有时刻的台站数量总和，$\tilde{u}(x_i, y_i)$是在(x_i, y_i)位置上的估计值，它可以是估计的趋势面，也可以是对趋势面进行残差订正之后的插值结果，或者是再分析数据在台站上的插值结果。另一个评价指标是交叉验证(Cross Validation，CV)值，即

$$\mathrm{CV} \equiv \sqrt{\frac{1}{N}\sum_{i=1}^{N}\left(\hat{u}_{-i}(x_i, y_i) - u_o\left(x_i, y_i\right)\right)^2} \tag{2-26}$$

其中，$\hat{u}_{-i}(x_i, y_i)$的含义与式(2-25)中$\tilde{u}(x_i, y_i)$的相同，只是下标$-i$表示点(x_i, y_i)处的估计值没有用到观测值$u_o(x_i, y_i)$。

RMSE值和CV值都能代表拟合的精度。在计算RMSE值时，点(x_i, y_i)的估计值的计算用到了该点的观测值$u_o(x_i, y_i)$，但是计算 CV 值时却没有用到。因此从某种意义上来讲，RMSE 值代表了台站观测数据比较稠密的区域中的拟合误差，而CV值可用于评估插值方法在独立数据上的验证结果。

第3章　全球近地面气温场、相对湿度场、风速场和气压场的建立与评估

本章主要介绍如何通过融合 ISD 的全球台站观测数据和 CFSR 数据，构造全球 1979—2010 年的逐 3 小时、5 千米×5 千米分辨率的近地面气温场、相对湿度场、风速场和气压场(即“BNU 全球陆面模式大气驱动数据”)，并对 BNU 全球陆面模式大气驱动数据进行评估。相关数据和方法的讲解详见第 2 章，本章只重点强调各种驱动变量插值方法的不同点，以及对 BNU 全球陆面模式大气驱动数据的评估。由于本章通常采用比较耗时的交叉验证的评估方法，因此只使用 2009 年每月第 3 日的 6 小时观测数据进行评估。

3.1　全球近地面气温场

3.1.1　格点场的建立

利用 2.2.1 节的方法建立全球近地面气温场趋势面，在每个观测时刻，建立如下的薄板平滑样条模型来估计趋势面：

$$t(x,y)=f(x,y)+\beta_1 z(x,y)+\beta_2 t_{\text{cfsr}}(x,y)+\varepsilon(x,y) \tag{3-1}$$

对于 1979—1989 年的情形，利用日尺度数据建立模型；对于 1990—1997 年的情形，利用 6 小时尺度数据建立模型；对于 1998—2010 年的情形，利用 3 小时尺度数据建立模型。在模型(3-1)中，t 代表近地面 2 m 的气温，z 为高程，t_{cfsr} 是 CFSR 数据在(x,y)点的线性插值，其他符号的含义与式(2-5)相同。然后利用 2.2.2 节的方法对气温场趋势面进行残差订正。

采用 2.2.3 节描述的方法对日尺度和 6 小时尺度的插值结果进行时间降尺度，所用的辅助数据为逐 3 小时的 CFSR 气温数据。

3.1.2 精度评估

为了评估使用 CFSR 气温数据作为协变量的效果，下面建立不使用 CFSR 气温数据作为协变量的薄板平滑样条模型：

$$t(x,y)=f(x,y)+\beta z(x,y)+\varepsilon(x,y) \tag{3-2}$$

利用模型(3-1)和模型(3-2)分别拟合观测数据，得到两种气温场趋势面的 CV 值，见图 3-1。由图中可以看出，使用 CFSR 气温数据作为协变量建立的气温场趋势面在各个区域都不同程度地提高了精度，尤其是在观测数据相对稀疏的区域，如 1 区(北美洲的北部)、8 区(欧洲东部和北亚地区)和 12 区(非洲)。这是因为在观测数据稀疏的区域，CFSR 气温数据提供了相对更多的观测系统之外的信息。

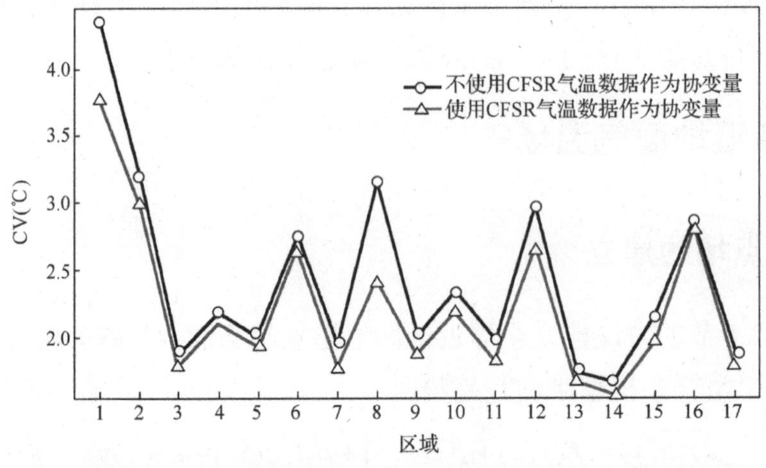

图 3-1　对全球 17 个区域使用和不使用 CFSR 气温数据作为协变量的气温场趋势面的 CV 值

表 3-1 列出了全球 17 个区域近地面气温场趋势面的 RMSE 值。可以看出，趋势面相对观测数据的 RMSE 值平均在 2℃左右，远远大于观测仪器的误差(0.2 ℃)。所以有必要使用 2.2.2 节描述的方法对趋势面进行残差订正。图 3-2 给出了对趋势面进行残差订正之后的 CV 值和原趋势面的 CV 值，可以看出在所有的区域，经过订正的趋势面的 CV 值较订正之前的都有所减小，这说明残差订正对于改进各个区域的插值误差都是有效的。

表 3-1　全球 17 个区域近地面气温场趋势面的 RMSE 值(单位：℃)

区域	1	2	3	4	5	6	7	8	9	10	11	12	13	14	15	16	17
RMSE 值	3.5	2.7	1.7	1.95	1.8	2.3	1.7	2.3	1.8	2.1	1.6	2.8	1.5	1.5	2.0	2.6	1.5

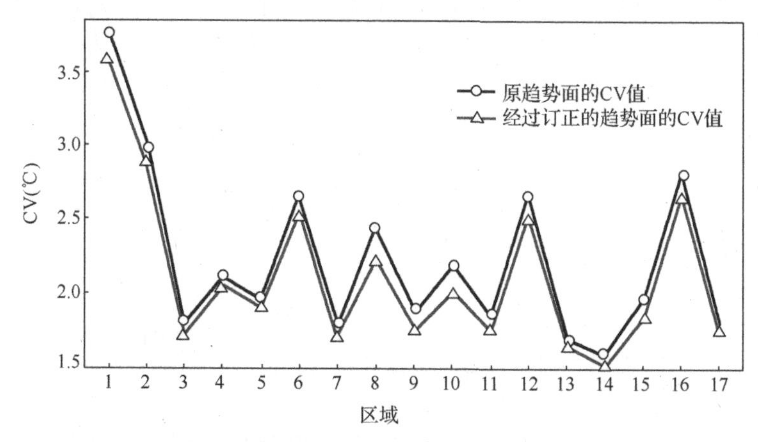

图 3-2　气温场趋势面的 CV 值和经过订正的趋势面的 CV 值

图 3-3 给出了 CFSR 气温数据的 RMSE 值(黑色)、ERA-Interim 气温数据的 RMSE 值(浅灰色)和残差订正之后 BNU 全球陆面模式大气驱动数据中气温数据(简称 BNU 全球气温数据)的 CV 值(深灰色)。由图 3-3 可以看出，在全球 17 个区域，BNU 全球气温数据的 CV 值明显小于 CFSR 气温数据的 RMSE 值，这说明本书建立的 BNU 全球气温数据在单点插值的误差比 CFSR 数据在单点插值的误差有了大幅度的降低。在所有的区域内，ERA-Interim 气温数据的 RMSE 值明显小于 CFSR 气温数据的 RMSE 值，这说明 ERA-Interim 气温数据比 CFSR 气温数据的精度要高。此外，ERA-Interim 气温数据的 RMSE 值在绝大多数区域比 BNU 全球气温数据的 CV 值要大，两者在 4 区、6 区、8 区的差异并不显著，只有在 12 区，ERA-Interim 气温数据的 RMSE 值略低于 BNU 全球气温数据的 CV 值。这说明 BNU 全球气温数据的误差在总体上小于 ERA-Interim 气温数据的误差。

图 3-4 分别给出了 CFSR 气温数据、ERA-Interim 气温数据和 BNU 全球气温数据关于台站观测数据的散点图与相关系数(分别为 0.90、0.94、0.97)。可见 ERA-Interim 气温数据与观测数据的相关性比 CFSR 气温数据与观测数据的相关

性要高，而 BNU 全球气温数据与观测数据的相关性又高于两种再分析气温数据与观测数据的相关性。

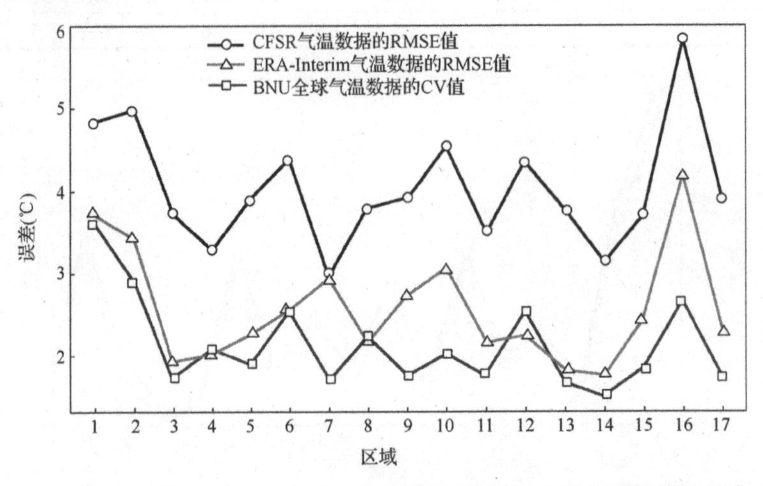

图 3-3 CFSR 气温数据、ERA-Interim 气温数据和 BNU 全球气温数据的精度对比

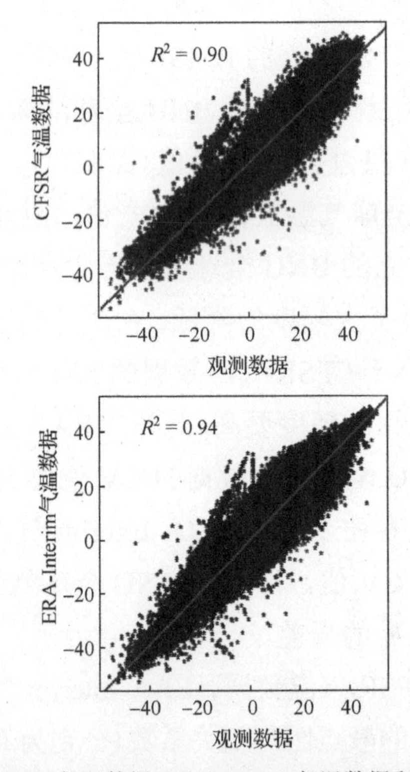

图 3-4 CFSR 气温数据、ERA-Interim 气温数据和 BNU 全球气温数据关于台站观测数据的散点图与相关系数

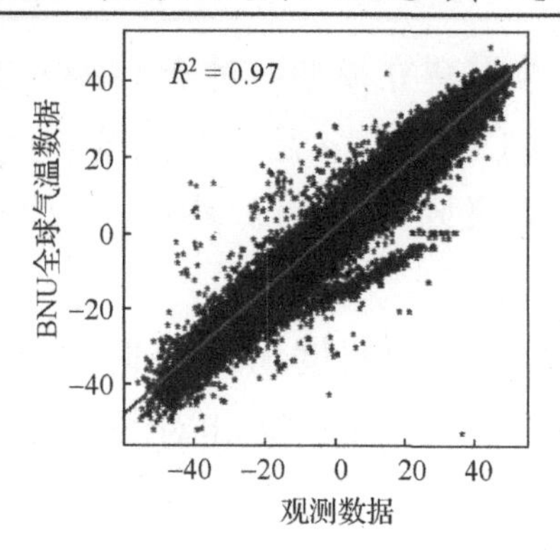

图 3-4　CFSR 气温数据、ERA-Interim 气温数据和 BNU 全球气温数据关于台站观测数据的散点图与相关系数(续)

为了对比 BNU 全球气温数据和 CFSR 气温数据在 CFSR 数据分辨率上的差异，我们将 BNU 全球气温数据插值到 CFSR 数据分辨率（0.3125° ×0.3125° ）上，然后用 BNU 全球气温数据在 CFSR 数据分辨率上的插值结果减去 CFSR 气温数据的格点值。结果显示，在冬季，BNU 全球气温数据在我国大部分地区、蒙古高原大部分地区、中亚地区、非洲大部分地区比 CFSR 气温数据偏高，而在北美洲北部和蒙古高原北部地区偏低。在夏季，BNU 全球气温数据在全球大部分地区比 CFSR 气温数据偏低，尤其是在我国华北、东北及西北地区。

3.2　全球近地面相对湿度场

3.2.1　格点场的建立

全球近地面相对湿度场的建立方案与近地面气温场的类似，不同之处是所选取的薄板平滑样条模型的结构有所不同，考虑到相对湿度与高程的关系不大，所以近地面相对湿度选取的薄板平滑样条模型如下：

$$q(x,y) = f(x,y) + \beta \cdot q_{\text{cfsr}}(x,y) + \varepsilon(x,y) \tag{3-3}$$

对于 1979—1989 年的情形，利用日尺度数据建立模型；对于 1990—1997 年的情形，利用 6 小时尺度数据建立模型；对于 1998—2010 年的情形，利用 3 小时尺度数据建立模型。在式(3-1)中，q 是相对湿度，q_{cfsr} 是 CFSR 数据在(x,y)点的线性插值，其他符号的含义同式(3-1)。然后，利用 2.2.2 节的方法对相对湿度场趋势面进行残差订正。

采用 2.2.3 节描述的方法对日尺度和 6 小时尺度的插值结果进行时间降尺度，所用的辅助数据为逐 3 小时的 CFSR 相对湿度数据。

3.2.2 精度评估

为评估使用 CFSR 相对湿度数据作为趋势面的协变量的效果，下面建立不使用 CFSR 相对湿度数据作为协变量的薄板平滑样条模型：

$$q(x,y)=f(x,y)+\varepsilon(x,y) \tag{3-4}$$

图3-5给出了利用模型(3-3)和模型(3-4)分别拟合观测数据得到的两种趋势面的 CV 值。可以看出，使用 CFSR 相对湿度数据作为协变量建立的趋势面在各个区域都不同程度地提高了精度，尤其是在 2 区(美国东部)、6 区(南美洲)、10 区(西亚)和 12 区(非洲)。

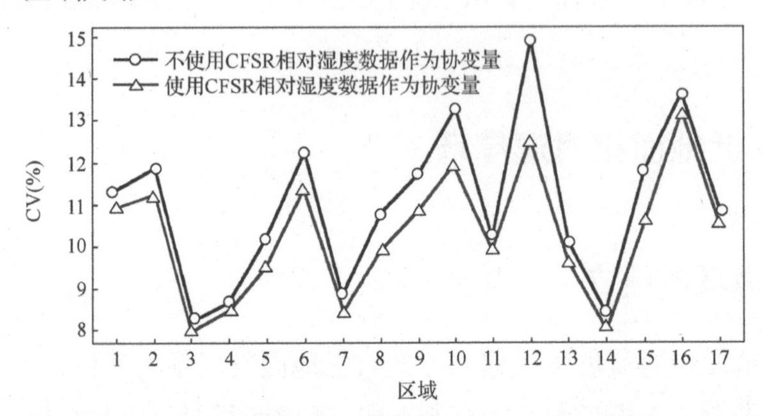

图 3-5　对全球 17 个区域使用和不使用 CFSR 相对湿度数据作为协变量的相对湿度场趋势面的 CV 值

表 3-2 列出了全球 17 个区域近地面相对湿度场趋势面的 RMSE 值。可以看出，趋势面相对观测数据的标准差均大于 7%，而相对湿度的观测数据精度是 ± 3%～5%。所以有必要使用 2.2.2 节描述的方法对趋势面进行残差订正。

图 3-6 给出了对趋势面进行残差订正之后的 CV 值和原趋势面的 CV 值，可以看出在所有的区域，经过订正的 CV 值较订正之前的都有所减小，尤其是在 1 区、8 区、9 区、10 区，这说明残差订正对改进相对湿度在各个区域的插值误差是有效的。

表 3-2　全球 17 个区域近地面相对湿度场趋势面的 RMSE 值(%)

区域	1	2	3	4	5	6
RMSE 值	10.4	10.5	7.6	7.9	8.8	10.5
区域	7	8	9	10	11	12
RMSE 值	8.0	9.6	10.5	11.5	9.2	11.8
区域	13	14	15	16	17	
RMSE 值	8.2	7.6	10.2	11.9	9.2	

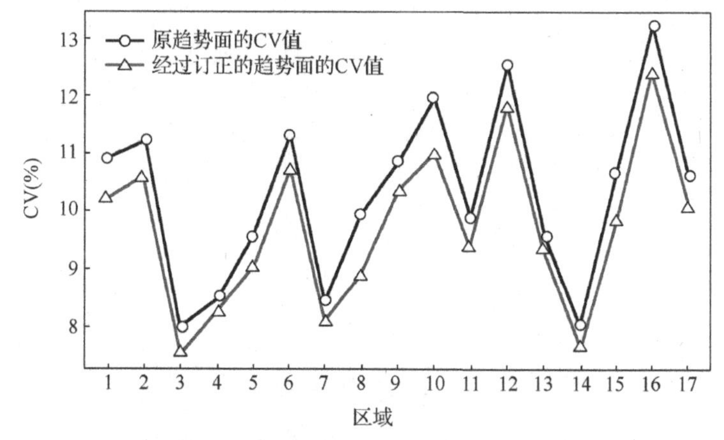

图 3-6　相对湿度场趋势面的 CV 值和经过订正的趋势面的 CV 值

图 3-7 给出了 CFSR 相对湿度数据的 RMSE 值、ERA-Interim 相对湿度数据的 RMSE 值和残差订正之后 BNU 全球陆面模式大气驱动数据中相对湿度数据(简称 BNU 全球相对湿度数据)的 CV 值。从图中可以看出，在全球 17 个区域，BNU 全球相对湿度数据的 CV 值明显小于 CFSR 相对湿度数据的 RMSE 值，这说明本书建立的BNU全球相对湿度数据在单点插值的误差比CFSR相对湿度数据在单点插值的误差有了大幅度的降低。在所有的区域内，ERA-Interim 相对湿度数据的 RMSE 值明显小于 CFSR 相对湿度数据的 RMSE 值，这说明

ERA-Interim 相对湿度数据比 CFSR 相对湿度数据的精度要高。此外，ERA-Interim 相对湿度数据的 RMSE 值在绝大多数区域比 BNU 全球相对湿度数据的 CV 值要大，只有在 12 区 ERA-Interim 相对湿度数据的 RMSE 值略低于 BNU 全球相对湿度数据的 CV 值。这说明 BNU 全球相对湿度数据的误差在总体上小于 ERA-Interim 相对湿度数据的误差。

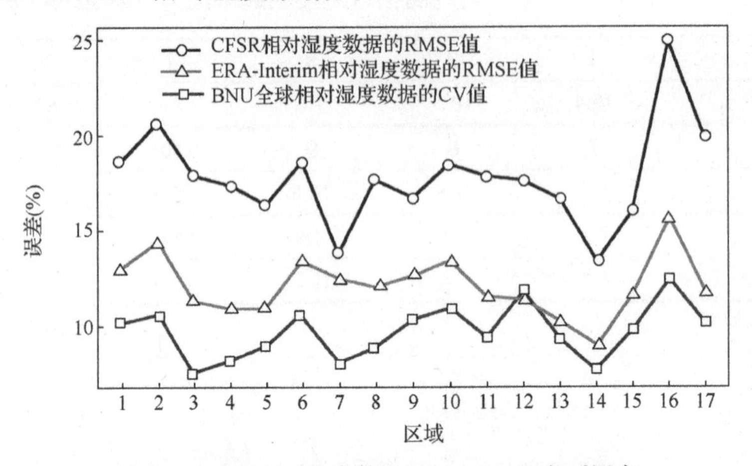

图 3-7 CFSR 相对湿度数据、ERA-Interim 相对湿度数据和 BNU 全球相对湿度数据的精度对比

图 3-8 分别给出了 CFSR 相对湿度数据、ERA-Interim 相对湿度数据和 BNU 全球相对湿度数据关于台站观测数据的散点图与相关系数（分别为 0.48、0.70、0.79）。可见 ERA-Interim 相对湿度数据与观测数据的相关性比 CFSR 相对湿度数据与观测数据的相关性要高，而 BNU 全球相对湿度数据与观测数据的相关性又高于两种再分析相对湿度数据与观测数据的相关性。

为了对比 BNU 全球相对湿度数据和 CFSR 相对湿度数据在 CFSR 数据分辨率上的差异，我们将 BNU 全球相对湿度数据插值到 CFSR 数据分辨率（0.3125°×0.3125°）上，然后用 BNU 全球相对湿度数据在 CFSR 分辨率上的插值结果减去 CFSR 相对湿度数据的格点值。结果显示，在冬季，BNU 全球相对湿度数据在美国南部、南美洲南部及西亚地区比 CFSR 相对湿度数据偏高；在夏季，BNU 全球相对湿度数据在我国青藏高原地区比 CFSR 相对湿度数据偏低。在我国的大部分地区，BNU 全球相对湿度数据比 CFSR 相对湿度数据偏高。

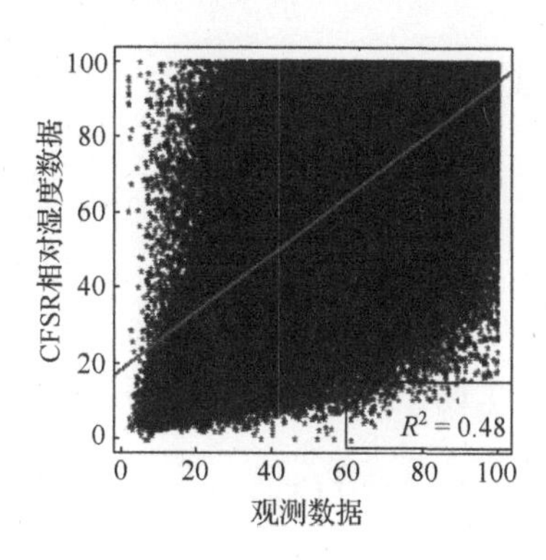

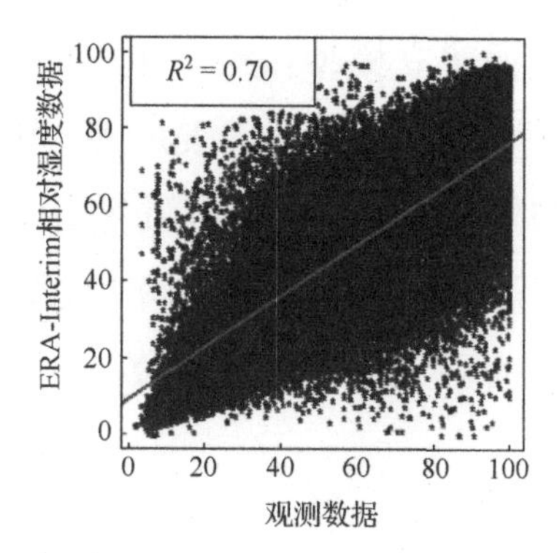

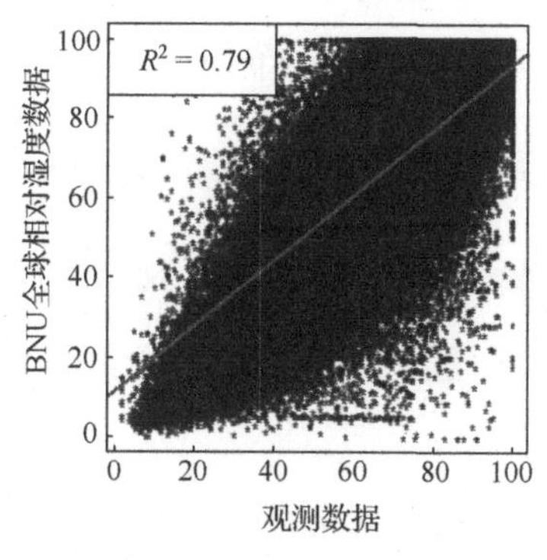

图 3-8　CFSR 相对湿度数据、ERA-Interim 相对湿度数据和 BNU 全球相对湿度数据关于台站观测数据的散点图与相关系数

3.3 全球近地面风速场

3.3.1 格点场的建立

用于建立全球近地面风速场的薄板平滑样条模型如下：

$$w(x,y) = f(x,y) + \varepsilon(x,y) \tag{3-5}$$

对于1979—1989年的情形，利用日尺度数据建立模型；对于1990—1997年的情形，利用6小时尺度数据建立模型；对于1998—2010年的情形，利用3小时尺度数据建立模型。在模型(3-5)中，w代表风速，其他符号的含义同式(3-1)。然后利用2.2.2节的方法对风速场趋势面进行残差订正。

采用2.2.3节描述的方法对日尺度和6小时尺度的插值结果进行时间降尺度，所用的辅助数据为逐3小时的CFSR风速数据。

3.3.2 精度评估

为评估使用CFSR风速数据作为趋势面的协变量的效果，下面建立使用CFSR风速数据作为协变量的薄板平滑样条模型：

$$w(x,y) = f(x,y) + \beta_1 w_{cfsr}(x,y) + \varepsilon(x,y) \tag{3-6}$$

采用类似于3.1.2节的验证，使用CFSR风速数据作为协变量并不会对趋势面的精度有明显改善，所以在建立风速场趋势面时使用无CFSR数据作为协变量的薄板平滑样条模型。

表3-3列出了全球17个区域近地面风速场趋势面的CV值和RMSE值。从表中可以看出，风速场趋势面的CV值大部分在2 m/s左右，RMSE值在1.4～2.24 m/s之间。根据不同的观测仪器和风速值，仪器的误差也有所不同。当风速值小于10 m/s时，误差不超过±1 m/s；当风速值大于10 m/s时，误差不超过±10%，小于表3-3中的CV值和RMSE值。所以我们用2.2.2节描述的方法对

趋势面进行残差订正。图 3-9 给出了进行残差订正之后的 CV 值和原趋势面的 CV 值。从图中可以看出，风速场趋势面的残差订正结果相对于原趋势面的精度并不是在所有的区域都十分明显，效果较好的区域为 1 区、5 区、7 区、8 区、9 区、10 区、15 区。

表 3-3　全球 17 个区域近地面风速场趋势面的 CV 值和 RMSE 值(单位：m/s)

区域	1	2	3	4	5	6
CV 值	2.37	1.90	1.30	1.80	1.66	2.01
RMSE 值	2.24	1.79	1.25	1.68	1.55	1.85
区域	7	8	9	10	11	12
CV 值	2.16	1.79	2.01	1.97	1.52	1.97
RMSE 值	2.06	1.72	1.95	1.91	1.42	1.84
区域	13	14	15	16	17	
CV 值	1.52	1.66	2.37	1.79	1.53	
RMSE 值	1.37	1.55	2.24	1.65	1.40	

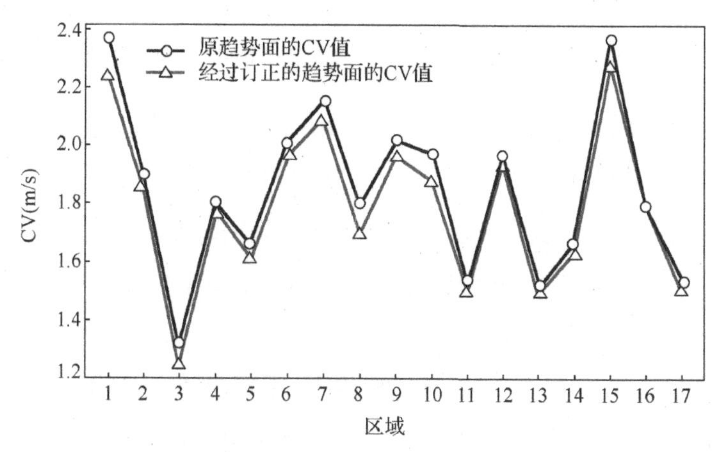

图 3-9　风速场趋势面的 CV 值和经过订正的趋势面的 CV 值

图 3-10 给出了 CFSR 风速数据的 RMSE 值、ERA-Interim 风速数据的 RMSE 值和残差订正之后 BNU 全球陆面模式大气驱动数据中近地面风速数据(简称 BNU 全球风速数据)的 CV 值。由图中可以看出，在全球 17 个区域，BNU 全球风速数据的 CV 值明显小于 CFSR 风速数据的 RMSE 值，这说明 BNU 全球风

速数据在单点插值的误差比 CFSR 风速数据在单点插值的误差有了大幅度的降低。在所有的区域内，ERA-Interim 风速数据的 RMSE 值明显小于 CFSR 风速数据的 RMSE 值，这说明 ERA-Interim 风速数据比 CFSR 风速数据的精度要高。此外，在所有的区域内，BNU 全球风速数据的 CV 值比 ERA-Interim 风速数据的 RMSE 值明显偏低。这说明 BNU 全球风速数据的误差在总体上小于 ERA-Interim 风速数据的误差。

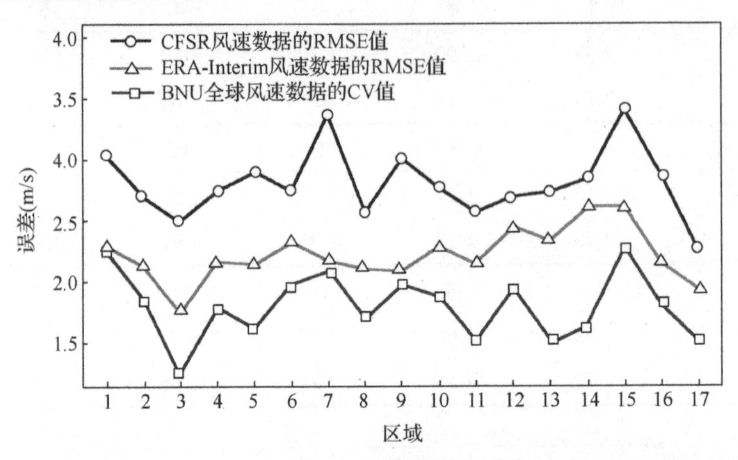

图 3-10 CFSR 风速数据、ERA-Interim 风速数据和 BNU 全球风速数据的精度对比

图 3-11 分别给出了 CFSR 风速数据、ERA-Interim 风速数据和 BNU 全球风速数据关于台站观测数据的散点图与相关系数(分别为 0.23、0.39、0.51)。可见 ERA-Interim 风速数据与观测数据的相关性比 CFSR 风速数据与观测的相关性要高，而 BNU 全球风速数据与观测数据的相关性又高于两种再分析风速数据与观测数据的相关性。

为了对比 BNU 全球风速数据和 CFSR 风速数据在 CFSR 数据分辨率上的差异，我们将 BNU 全球风速数据插值到 CFSR 数据分辨率(0.3125°×0.3125°)上，然后用 BNU 全球风速数据在 CFSR 数据分辨率上的插值结果减去 CFSR 风速数据的格点值。结果显示，在冬季，BNU 全球风速数据在大部分地区比 CFSR 风速数据偏高，而在格陵兰岛的东北部、亚洲的部分地区偏低。在夏季，BNU 全球风速数据普遍比 CFSR 风速数据偏低。

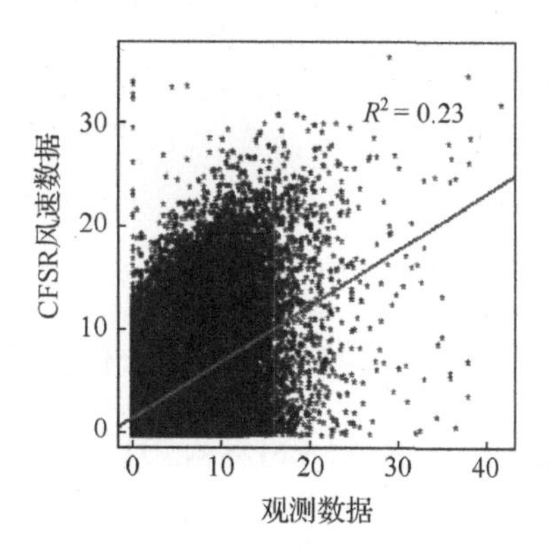

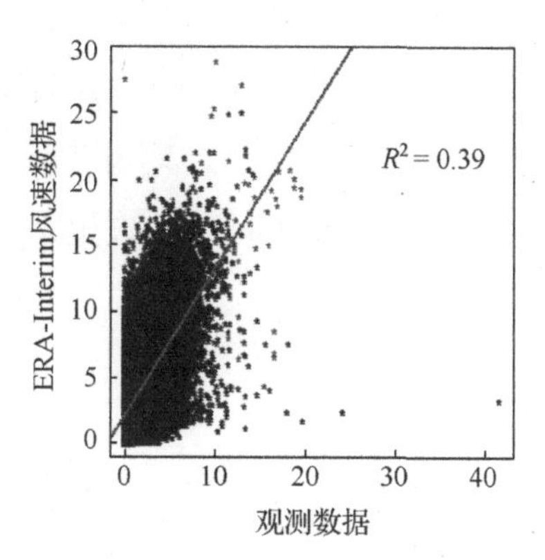

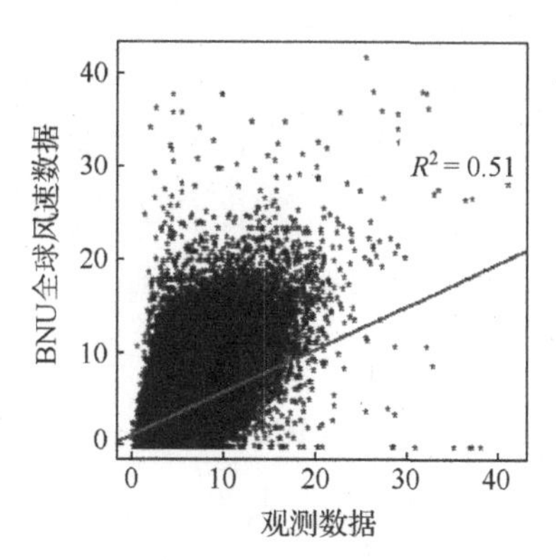

图3-11 CFSR风速数据、ERA-Interim风速数据和BNU全球风速数据关于台站观测数据的散点图与相关系数

3.4 全球近地面气压场

3.4.1 格点场的建立

用于建立全球近地面气压场的薄板平滑样条模型如下：

$$p(x,y)=f(x,y)+s(z(x,y))+\varepsilon(x,y) \tag{3-7}$$

对于 1979—1989 年的情形，利用日尺度数据建立模型；对于 1990—1997 年的情形，利用 6 小时尺度数据建立模型；对于 1998—2010 年的情形，利用 3 小时尺度数据建立模型。在式(3-7)中，p 代表气压，s 为一维薄板平滑样条函数，其他符号的含义同式(3-1)。对于气压场趋势面的残差不采用订正方案，但对日尺度和 6 小时尺度的插值结果利用 2.2.3 节的方法进行时间降尺度。

3.4.2 精度评估

表 3-4 列出了全球 17 个区域近地面气压场趋势面的 CV 值和 RMSE 值。从表中可以看出，近地面气压场趋势面的 RMSE 值在各个区域都比较小，最小值为 0.65 hPa，最大值为 2.66 hPa，基本在仪器观测误差(大约 1.5 hPa)的范围内，所以对气压场趋势面进行残差订正的效果基本与原趋势面的精度一致。并且已经验证，使用 CFSR 气压数据作为趋势面的协变量并没有改进趋势面的精度，这说明利用台站观测数据及高程信息就可以把气压场拟合得相当好。

图 3-12 给出了 CFSR 气压数据的 RMSE 值、ERA-Interim 气压数据的 RMSE 值和残差订正之后 BNU 全球陆面模式大气驱动数据中气压数据(简称 BNU 全球气压数据)的 CV 值。由图中可以看出，在全球 17 个区域，CFSR 气压数据和 ERA-Interim 气压数据的精度都比较高，甚至在某些区域超过了 BNU 全球气压数据的精度。如果经过验证，CFSR 数据在某个区域的 RMSE 值小于 BNU 全球

气压数据的 CV 值，那么在该区域就直接采用 CFSR 数据的插值结果作为 BNU 全球气压数据的最终结果。

表 3-4　全球 17 个区域近地面气压场趋势面的 CV 值和 RMSE 值(单位：hPa)

区域	1	2	3	4	5	6
CV 值	2.02	2.31	1.17	0.87	1.64	3.54
RMSE 值	2.38	1.99	1.16	0.87	1.39	2.66
区域	7	8	9	10	11	12
CV 值	0.95	1.63	1.49	1.69	1.10	2.35
RMSE 值	0.84	1.65	1.24	1.57	0.87	1.66
区域	13	14	15	16	17	
CV 值	0.87	1.21	1.30	1.94	0.96	
RMSE 值	0.65	1.04	1.16	1.46	0.76	

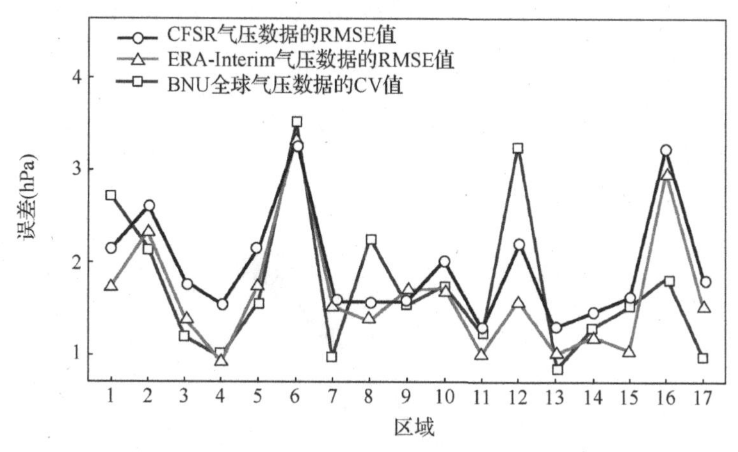

图 3-12　CFSR 气压数据、ERA-Interim 气压数据和 BNU 全球气压数据的精度对比

图 3-13 分别给出了 CFSR 气压数据、ERA-Interim 气压数据和 BNU 全球气压数据关于台站观测数据的散点图与相关系数(分别为 0.998、0.9986、0.9986)。可见三套数据都与观测数据有很高的相关性。

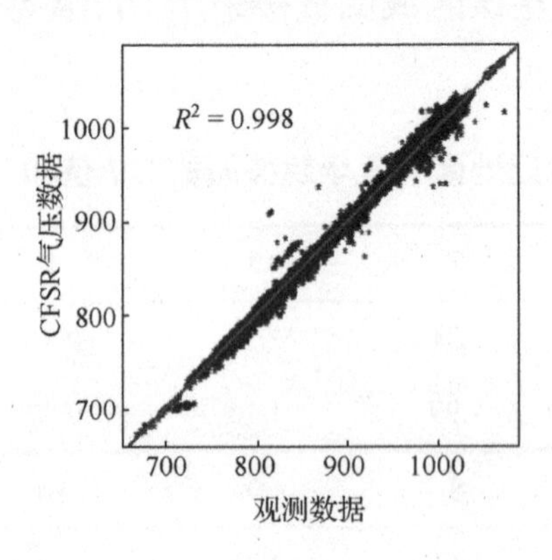

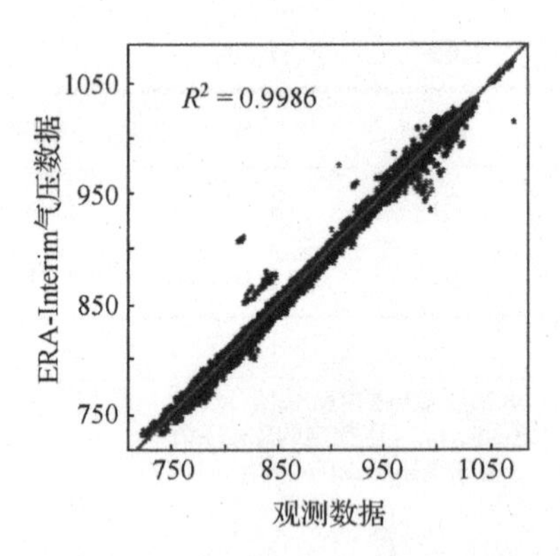

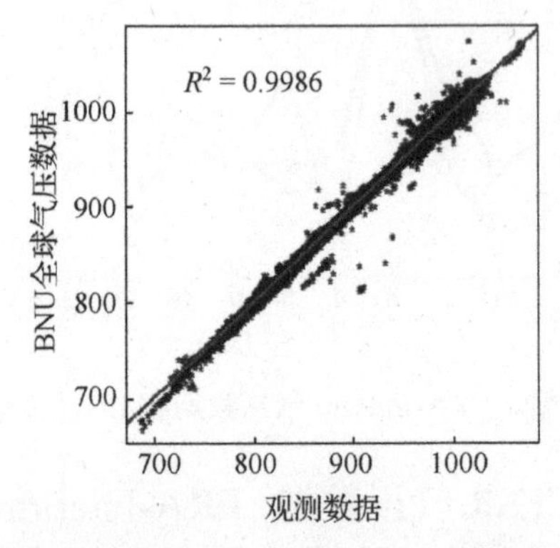

图 3-13　CFSR 气压数据、ERA-Interim 气压数据和 BNU 全球气压数据关于台站观测数据的散点图与相关系数

为了对比BNU全球气压数据和CFSR气压数据在CFSR数据分辨率上的差异，我们将BNU全球气压数据插值到CFSR数据分辨率(0.3125°×0.3125°)上，然后用BNU全球气压数据在CFSR数据分辨率上的插值结果减去CFSR气压数据的格点值。结果显示，在冬季，BNU全球气压数据在青藏高原南部及格陵兰岛的部分地区比CFSR气压数据偏低。夏季，BNU全球气压数据在整体上比CFSR气压数据偏低。

3.5 单点的通用陆面模式模拟验证实例

本节利用BNU全球陆面模式大气驱动数据和CFSR数据分别驱动单点的通用陆面模式(CoLM)，并模拟两个台站的土壤温度和土壤湿度，用来验证BNU全球陆面模式大气驱动数据和CFSR数据对陆面模拟的影响。

3.5.1 通用陆面模式(CoLM)简介

陆表是整个地球气候系统中的一个重要组成部分。陆地下垫面状况及陆面、大气的相互作用对陆表物质和能量的交换有着非常重要的作用，深刻影响着全球大气环流和气候变化。陆面过程及陆面大气的相互作用也对气候有着十分重要的影响。在气候模式中，各个圈层之间的相互作用均通过陆面过程来实现。陆面模式要尽可能真实地反映地球表面的物理过程及生物化学过程，其核心问题是研究地球表面与大气交界面的物质和能量交换的规律，从而准确地确定交界面通量和实现参数化。

通用陆面模式(Common Land Model，CoLM)是在Dickinson、戴永久等人领导下，于20世纪90年代由NCAR等机构共同研发的第三代陆面模式(Dai et al., 2001, 2003, 2004; Zeng et al., 2002)。它是一个单体积柱(雪-土壤-植被)生物地球物理陆面模式，能在普通单机及并行机上运行。设计CoLM的目的是与大气数值模式耦合，它是NCAR/CCSM(Community Climate System Model)中的陆面分量模式。但是CoLM也可以离线运行，所需要的驱动数据为近地面的气温、风速、比湿、太阳辐射、气压、降水率等大气驱动数据，输入格式为NetCDF，可按照每月一个文件的形式存储。

CoLM 提供了大气模式所需要的表面反照率(可见光与红外波段的直射光和散射光)、上行长波辐射、感热通量、潜热通量、水汽通量及东西向和南北向的地表应力。这些参量由很多生态过程和水文过程所控制，CoLM 对植物叶片物候、气孔生理及水循环进行模拟。出于该模式与气候模式和数值天气预报模式耦合的需要，陆面过程参数化计算的有效性和复杂性要平衡考虑。CoLM 并没有详尽地描述水文气象、陆地生态，而是对一些描述陆面-大气相互作用本质特征的重要陆面过程进行简化处理。

CoLM 3.0 的陆面空间非均匀性用嵌套次网格方法实现。该嵌套次网格由网格单元(gridcell)、陆地个体(landunit)、柱块(conlomn)、植被功能类型(PFTS)组成。这种方法考虑了网格尺度内地表特征差异、不同植被功能类型下的生态学差异及不同土壤类型的水力学和热力学特征差异等。每个网格单元包含若干陆地个体，每个陆地个体又有若干柱块，每个柱块又包括多种植被功能类型。陆地个体作为第一层次网格，描述了广义的次网格非均匀性的空间形式，包括冰川、湖泊、湿地、城市在每个网格中所占的比例(其余由植被所占)。此外，土壤物理特征如质地、颜色、深度及热力传导度也在该网格层次定义。柱块作为第二层次网格，描述了每个独立陆地个体中土壤和雪的状态变量的可能变化。其中，垂直异质性通过一个单一植被层、10 层土壤和由雪深决定的最多 5 层积雪来刻画。第三层次网格是植被功能类型，利用植被的功能特性来描述众多植被种类的生物物理和生物化学的差异，包含了最多 15 种植被功能类型中含量最大的 4 种植被功能类型的覆盖率，每种植被功能类型的叶面积指数和茎面积指数，以及冠层的高层和底层高度。

生物地球物理过程在每个次网格单元上独立模拟，相应的诊断变量在每个次网格单元上计算。关于陆面类型的定义，CoLM 3.0 按照 USGS 的 24 种分类标准来区分陆地下垫面，每个网格最多可再分为 24 种下垫面类型。同一网格中，各种下垫面类型受相同大气强迫，每个下垫面通量独立计算，最后按各种下垫面类型所占权重做加权平均后将结果反馈给大气数据。

CoLM 主要包括以下几个部分。

- **生物地球物理过程**：描述大气能量、水、动量的即时交换，考虑了微气象、冠层生理、土壤物理、辐射传输和水文过程的各个方面。表层能量、水汽和动量的通量影响模拟的表面气候。
- **水文循环**：陆地水文循环包括植物叶子截留的水，透冠雨和茎流、渗透、径流、土壤水、雪。这些生物地球模式过程直接相连，同时影响气温、降水和径流。总径流(表层和次表层排水)利用河道模式汇流到海洋。
- **生物地球化学过程**：描述大气化学成分的即时交换，目前的大气化学成分包括碳、生物挥发性有机化合物、沙尘、干沉降等。
- **动态植被**：包括碳循环，还有对扰动(例如火、土地利用)响应的群落成分和植被结构的变化。该动力过程有两个时间尺度，一个是考虑几百年时间段的群落成分和植被结果的变化，与火或者土地利用等扰动一致；另一个是生物地球物理过程对气候在更长时间段(比如千年)上的响应。

CoLM 的运行分为三种类型，分别为初始化运行、重新开始运行和分支运行。CoLM 的初始化是给模式提供初始气温和湿度状态。CoLM 的初始化值对陆表参数，尤其是对土壤湿度的影响很大。一般使用 CoLM 的初始化运行，也就是从 CoLM 中给定的随机初始状态开始运行模式，或者使用一套使得 CoLM 在 spin-up 状态(即陆表与模拟的气候处于平衡状态)开始的初始状态数据来驱动模式。

长期以来，CoLM 的性能已经被广泛验证，其中包括陆面参数化方案的比较计划(Cabauw，Valdai，Red-Arkansas river basin)和其他一些数据的验证方案(FIFE，BOREAS，HAPEX-MOBILHY，ABRACOS，Sonoran Desert，GSWP，LDAS)。CoLM 也已作为美国公用气候系统模型(CCSM)和天气研究与预报模型(WRF)的陆面过程子模式。CoLM 的土壤分层为 10 层，各土壤层的深度见表 3-5。

表 3-5 CoLM 中各土壤层的深度(单位：cm)

层数	1	2	3	4	5
深度	0.7	2.8	6.2	11.9	21.2
层数	6	7	8	9	10
深度	36.6	62.0	103.8	172.8	286.5

3.5.2 所用数据

本节所用的台站观测数据由国际协同强化观测期计划(Coordinated Enhanced Observing Period, CEOP)提供。CEOP 协调了全球不同气候区的36个观测区域作为基准站，将布设在这些区域的通量、土壤水分和温度观测数据统一建库及分析。其主要目的之一是收集分布在全球不同气候区的基准站的观测数据，为中尺度或者更小尺度的陆面(水文)过程及模型验证提供数据。

以下的观测数据来自蒙古基准站中有较长时间的连续气象观测数据及地表温度和土壤温度观测数据的 DGS 与 BTS 台站。DGS 台站的位置是 46.1° N, 106.4° E，BTS 台站的位置是 46.8° N, 107.1° E。这两个台站都位于蒙古高原，地表覆盖为相对均质的矮草，观测数据的质量较高。在 DGS 台站，土壤温度和土壤湿度的观测深度为 3 cm、10 cm、40 cm 和 100 cm，而 BTS 台站的土壤温度和土壤湿度的观测深度为 3 cm、10 cm、20 cm 和 40 cm。两个台站的土壤温度和土壤湿度的观测时间间隔都为 30 分钟，气象驱动数据的观测频次为 1 小时。相关的研究人员已经在这些台站进行了一些陆面模拟和同化的工作(Huang et al., 2008; Yang et al., 2009; Liang et al., 2012)。

下面所用的格点场来自本章建立的全球近地面气温场、比湿(由相对湿度数据转化得到)场、风速场的格点场，以及 CFSR 数据中的相应变量(由于 CoLM 模拟对气压变量并不是很敏感，因此气压数据直接采用台站观测值)。将这两种格点场分别插值到 DGS 和 BTS 台站的观测数据，得到单点的大气驱动数据变量。我们选择的时间段是 2002 年 10 月 1 日—2003 年 9 月 30 日。

表3-6为BNU全球陆面模式大气驱动数据（简称BNU数据）和CFSR数据中的气温、比湿、风速插值到DGS台站的结果与台站观测数据的RMSE值。

表3-6 BNU数据、CFSR数据插值到DGS台站的结果与台站观测数据的RMSE值

	气温(K)	比湿(kg/kg)	风速(m/s)
CFSR	2.97	0.00254	2.70
BNU	2.03	0.00148	1.53

图3-14、图3-15和图3-16为BNU数据和CFSR数据中的气温、比湿、风速插值到DGS台站的结果与台站观测数据的比较。

表3-7为2003年6月1日00时—2003年9月30日23时BNU数据和CFSR数据中的气温、比湿、风速插值到BTS台站的结果与台站观测数据的RMSE值。

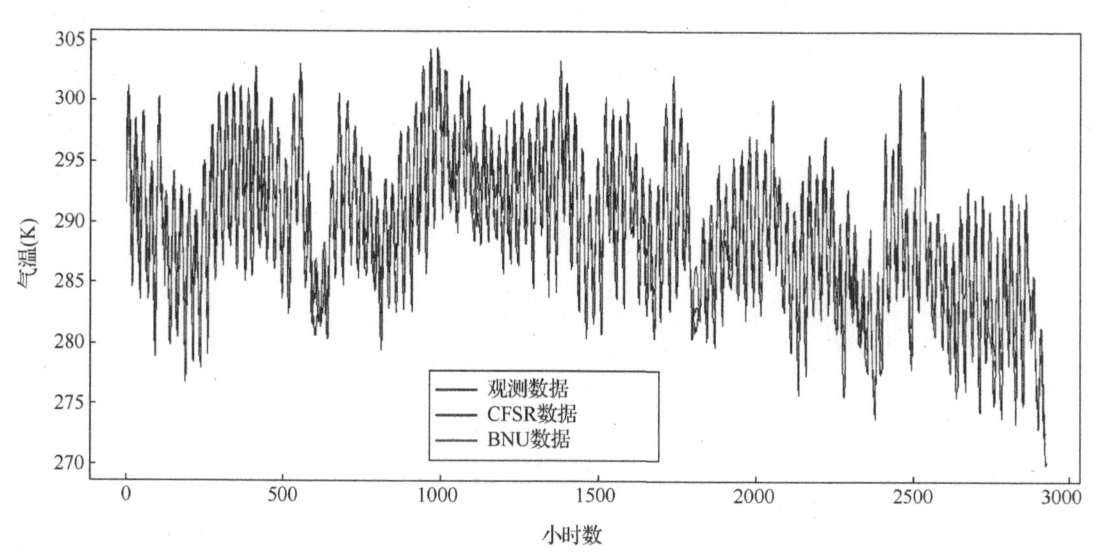

图3-14 DGS台站的气温观测数据与BNU和CFSR气温数据的比较

图3-17、图3-18和图3-19为BNU数据和CFSR数据中的气温、比湿、风速插值到BTS台站的结果与台站观测数据的RMSE值。

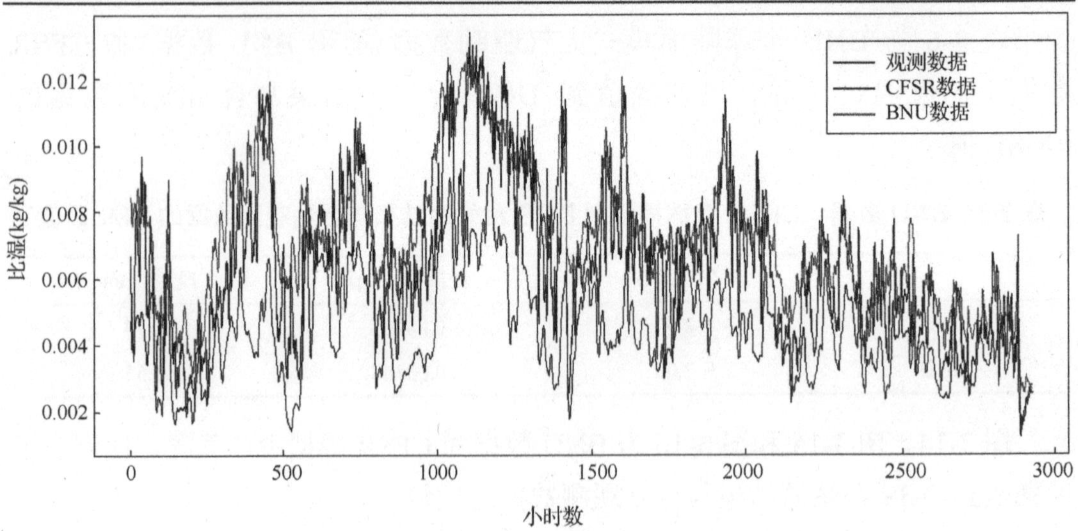

图 3-15 DGS 台站的比湿观测数据与 BNU 和 CFSR 比湿数据的比较

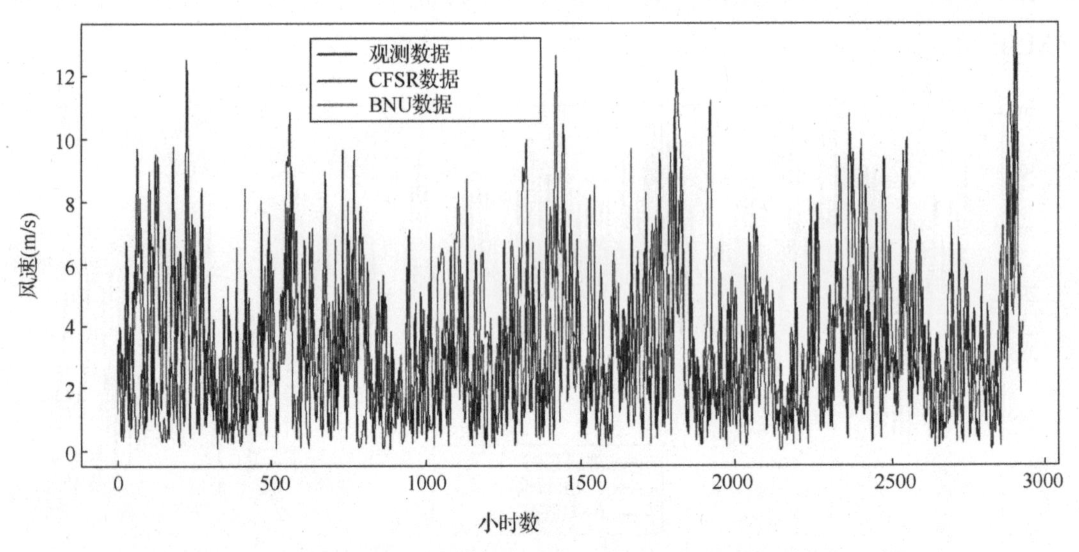

图 3-16 DGS 台站的风速观测数据与 BNU 和 CFSR 风速数据的比较

表 3-7 BNU 数据、CFSR 数据插值到 BTS 台站的结果与台站观测数据的 RMSE 值

	气温 (K)	比湿 (kg/kg)	风速 (m/s)
CFSR	2.91	0.00235	2.53
BNU	1.79	0.00153	1.53

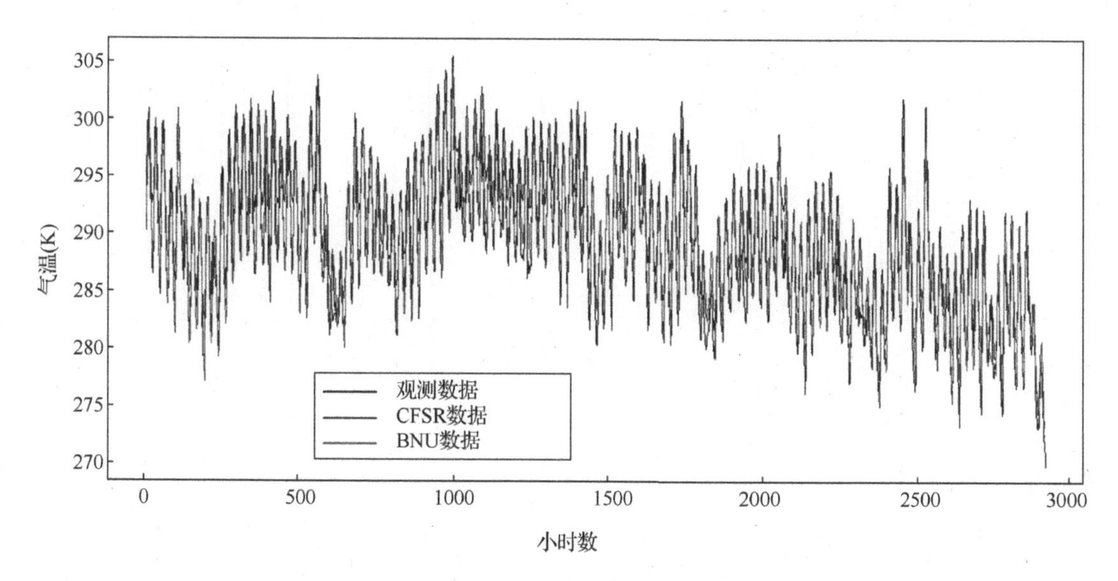

图 3-17　BTS 台站的气温观测数据与 BNU 和 CFSR 气温数据的比较

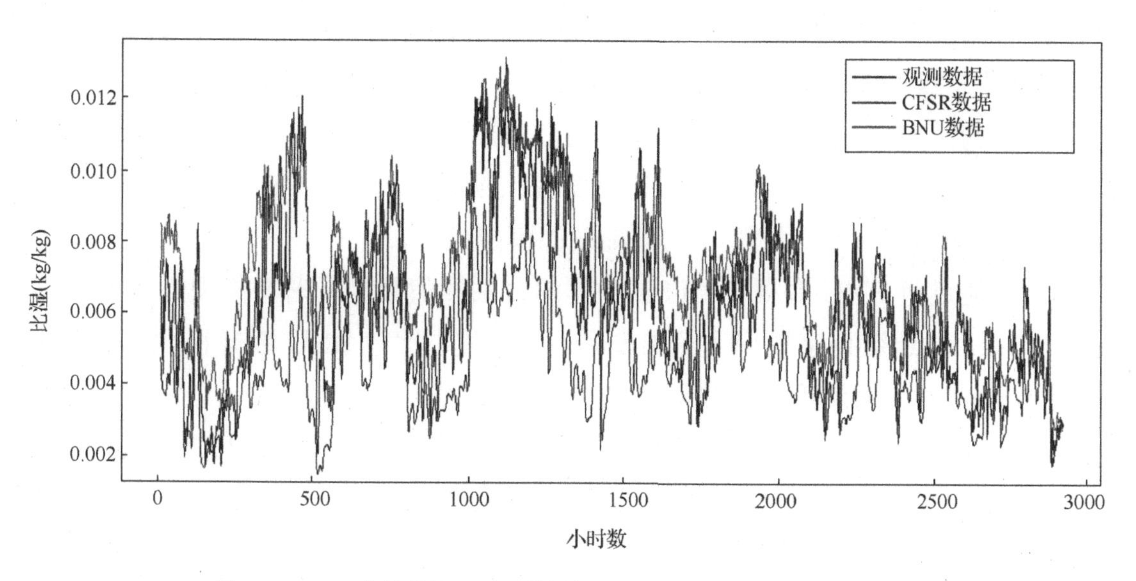

图 3-18　BTS 台站的比湿观测数据与 BNU 和 CFSR 比湿数据的比较

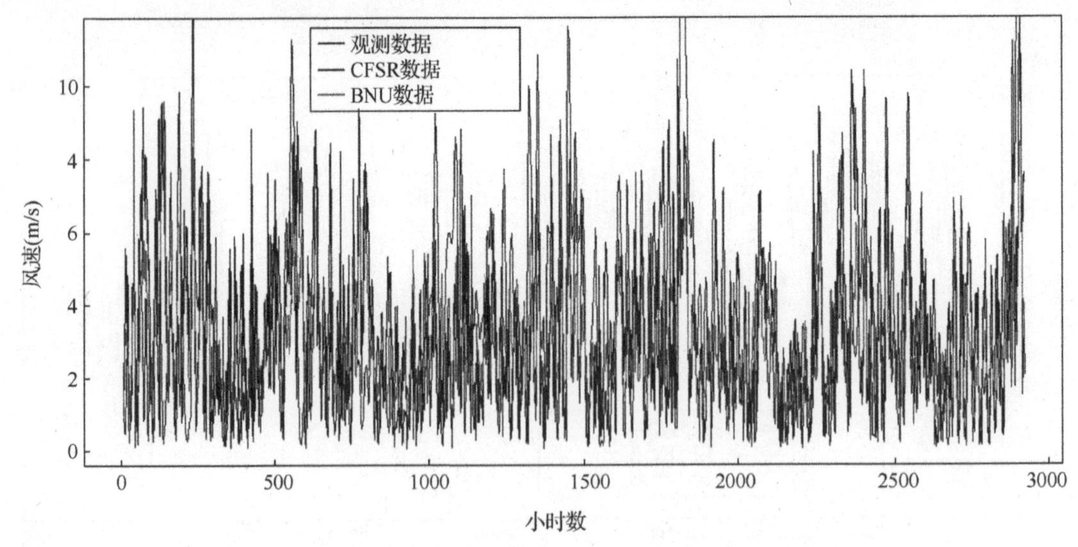

图 3-19　BTS 台站的风速观测数据与 BNU 和 CFSR 风速数据的比较

3.5.3　实验设计

(1) 利用 DGS 和 BTS 台站的气象观测数据分别驱动 CoLM，并将模拟的土壤温度和土壤湿度结果作为“真值”。

(2) 利用 BNU 数据和 CFSR 数据的台站插值数据，分别依次替换观测台站的气温、比湿、风速数据来模拟土壤温度和土壤湿度，并比较 BNU 数据和 CFSR 数据的各个变量对土壤温度和土壤湿度的模拟效果。

(3) 通过将 BNU 数据和 CFSR 数据的台站插值数据同时替换观测台站的气温、比湿、风速数据来模拟土壤温度和土壤湿度，比较 BNU 数据和 CFSR 数据的各个变量对土壤温度和土壤湿度的模拟效果。

CoLM 模型的模拟时间为 2002 年 10 月 1 日—2003 年 9 月 30 日，其中前 8 个月的数据用来初始化模式，只分析最后 4 个月的结果。

3.5.4　实验结果

(1) 利用 BNU 数据和 CFSR 数据中的气温插值数据，替换观测台站的气温数据来模拟土壤温度和土壤湿度，并与“真值”进行比较，结果如图 3-20 所示。

从图中可以看出，在 DGS 和 BTS 台站，用 BNU 气温数据模拟的 10 层土壤温度均比用 CFSR 气温数据模拟的结果更接近于“真值”。在 DGS 台站，用 BNU 气温数据模拟 10 层土壤温度的精度平均提高了约 0.47 K；而在 BTS 台站，模拟 10 层土壤温度的精度平均提高了约 0.71 K。对于土壤湿度，在两个台站均是用 BNU 气温数据模拟的结果比用 CFSR 气温数据模拟的结果更接近“真值”。但两种模拟方式的差异在深层土壤湿度的模拟上较为明显，而最初几层的差异不大，尤其是在 BTS 台站。由此可知，用 BNU 气温数据驱动 CoLM 会提高土壤湿度和土壤温度的模拟精度。

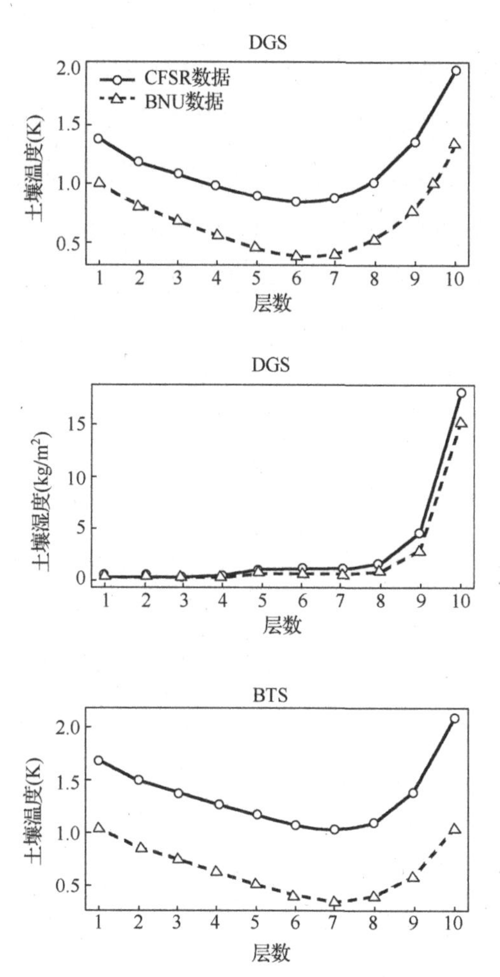

图 3-20　利用 BNU 和 CFSR 气温数据模拟土壤温度和土壤湿度的 RMSE 值

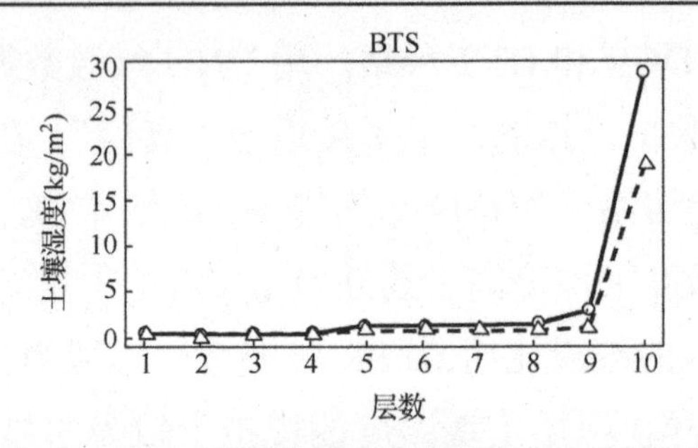

图 3-20　利用 BNU 和 CFSR 气温数据模拟土壤温度和土壤湿度的 RMSE 值(续)

(2)利用 BNU 数据和 CFSR 数据中的比湿插值数据，替换观测台站的比湿数据来模拟土壤温度和土壤湿度，并与“真值”进行比较，结果如图 3-21 所示。从图中可以看出，对于土壤温度，相比 CFSR 比湿数据，用 BNU 比湿数据模拟的 10 层土壤温度更接近“真值”。这在 DGS 台站的浅层土壤上尤为明显，但 DGS 台站的第 9 层和第 10 层的模拟精度比 CFSR 数据的略差一些。对于土壤湿度，利用 BNU 比湿数据在 DGS 台站模拟的土壤湿度在 5～8 层(20～100 cm)表现较差；而在 DGS 和 BTS 台站的第 10 层(100 cm 以下)，BNU 对土壤湿度的模拟效果都要好于 CFSR 的模拟效果。

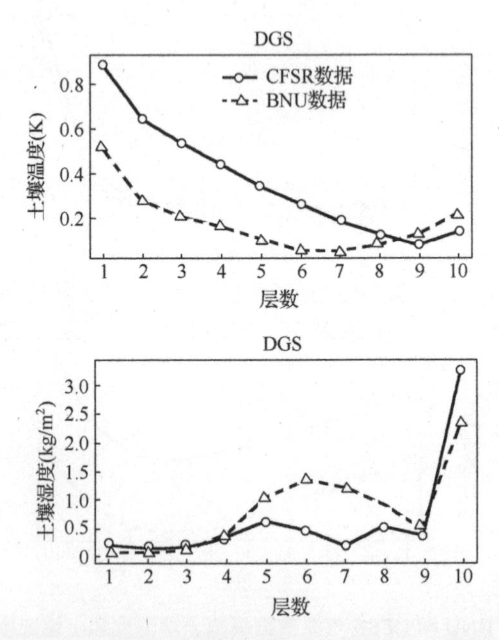

图 3-21　利用 BNU 和 CFSR 比湿数据模拟土壤温度和土壤湿度的 RMSE 值

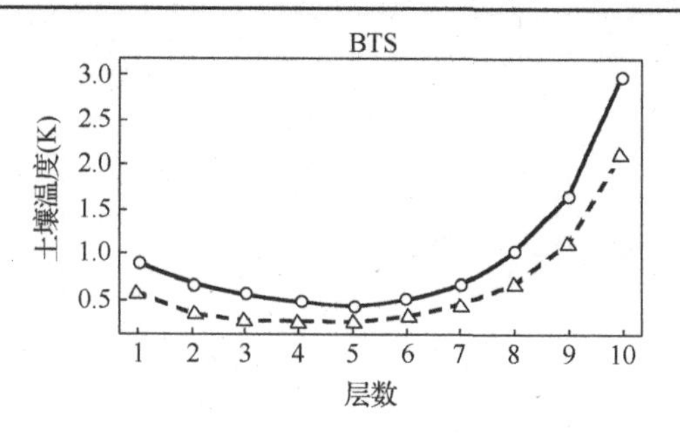

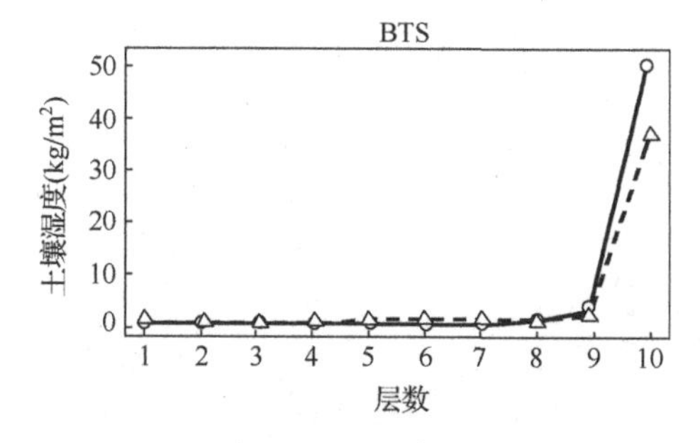

图 3-21 利用 BNU 和 CFSR 比湿数据模拟土壤温度和土壤湿度的 RMSE 值(续)

(3)利用 BNU 数据和 CFSR 数据中的风速插值数据，替换观测台站的风速数据来模拟土壤温度和土壤湿度，并与“真值”进行比较，结果如图 3-22 所示。从图中可以看出，对于土壤温度，在两个台站均是 BNU 风速数据要比 CFSR 风速数据表现得好。对于土壤湿度，利用 BNU 风速数据要比 CFSR 风速数据在深层土壤模拟效果上更接近“真值”。

(4)利用 BNU 数据和 CFSR 数据中的气温、比湿、风速插值数据，替换观测台站的相应数据来模拟土壤温度和土壤湿度，并与“真值”进行比较，结果如图 3-23 所示。从图中可以看出，对于土壤温度，BNU 的气温、比湿、风速数据相比 CFSR 的对应数据，其模拟结果基本在土壤的各个层都更加接近“真值”(BTS 台站的第 10 层除外)。对于土壤湿度，在两个台站均是 BNU 数据的第 5 层、第 6 层、第 7 层的模拟结果要比 CFSR 数据的稍差，但在深层(第 9 层、第 10 层)的模拟结果比 CFSR 数据的模拟结果要好很多。

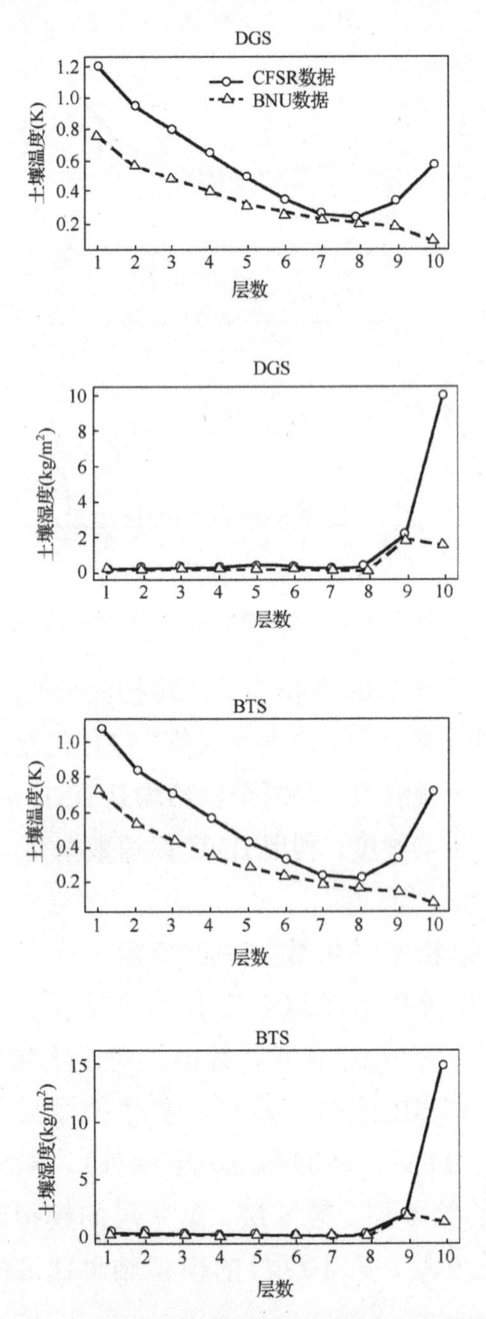

图 3-22 利用 BNU 和 CFSR 风速数据模拟土壤温度和土壤湿度的 RMSE 值

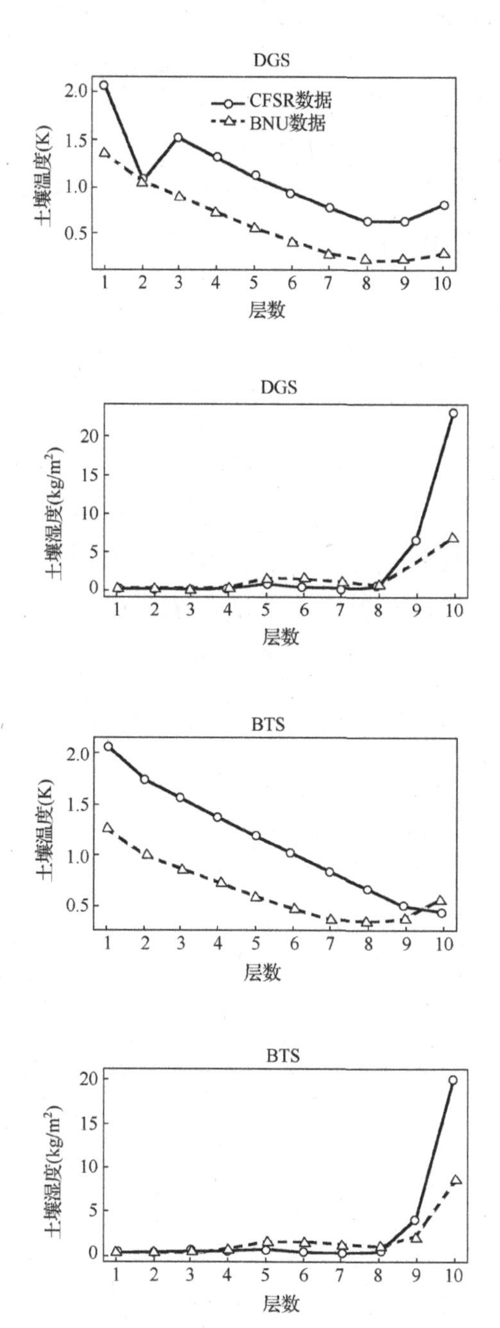

图 3-23　利用 BNU 和 CFSR 的气温、比湿、风速数据模拟土壤温度和土壤湿度的 RMSE 值

3.6　小结

本章内容主要分为两部分：一是全球近地面气温场、相对湿度场、风速场和气压场的建立与精度的评估；二是利用建立的驱动场在单点尺度上运行通用陆面模式(CoLM)来模拟土壤温度和土壤湿度，检验不同精度的驱动数据的模拟效果。

本章融合 ISD 台站观测数据和 CFSR 数据，利用薄板平滑样条模型和简单克里金方法建立了全球近地面气温场、相对湿度场、风速场和气压场。

趋势面的建立　近地面气温场和相对湿度场使用 CFSR 数据的相应变量作为薄板平滑样条模型的协变量，且经验证表明，使用 CFSR 数据作为近地面气温场和相对湿度场趋势面的协变量比不使用 CFSR 数据作为协变量的薄板平滑样条模型产生的趋势面的精度要高。近地面气压场采用高程的一维薄板平滑样条函数作为协变量来建立薄板平滑样条模型。而对于风速场，直接使用没有协变量的薄板平滑样条模型作为建立趋势面的模型，且经验证表明，使用 CFSR 数据作为近地面气压场和风速场薄板平滑样条模型的协变量并没有提高趋势面的精度。

趋势面的残差订正　由于应用薄板平滑样条模型建立的趋势面在有观测点的位置上的值和观测数据不一致，所以本书对薄板平滑样条模型进行残差订正。结果表明，残差订正对于近地面气温场、相对湿度场和风速场是有效的。经过订正，附近有观测台站的格点估计值很接近观测值(例如，某个 5 千米 ×5 千米格点内有一个观测值，那么经过订正之后，该格点的估计值与观测值基本一致)。本书仅在台站上应用交叉验证的方法来评估出对趋势面进行残差订正的作用，这在一定程度上相当于在台站稀疏区域对格点进行订正的效果。对于近地面气压数据，由于薄板平滑样条模型估计出的趋势面的精度已经很高，基本上可以说是在观测误差范围内，所以对其趋势面进行残差订正并不能改进趋势面的精度。

对 BNU 的气温、相对湿度、风速和气压数据与 CFSR 数据及 ERA-Interim

再分析数据的相应变量进行精确比较。结果表明，ERA-Interim再分析数据的质量在整体上要优于CFSR数据的质量，而BNU全球陆面模式大气驱动数据的质量在整体上要优于ERA-Interim再分析数据的质量。但对于气压变量，BNU全球陆面模式大气驱动数据在某些区域上的表现不如ERA-Interim再分析数据或者CFSR数据。在这种情况下，我们用CFSR气压数据插值到5千米×5千米格点的结果作为BNU气压数据。考虑到ERA-Interim再分析数据的精度要比CFSR数据的精度要高，所以下一步我们将尝试应用ERA-Interim再分析数据的相应变量作为薄板平滑样条模型的协变量来估计趋势面。

利用BNU全球陆面模式大气驱动数据在单点尺度上运行CoLM来模拟土壤温度和土壤湿度。我们选取的台站是CEOP提供的DGS和BTS台站，并用台站观测的气象数据运行CoLM模拟得到的土壤温度和土壤湿度的结果作为“真值”，然后将实验结果与该“真值”进行比较。

将BNU和CFSR数据中的气温、比湿、风速数据分别与DGS和BTS台站的观测数据进行比较。结果表明，BNU数据在这两个台站的估计值要比CFSR数据的结果精确得多。其中，CFSR气温数据在DGS和BTS台站的插值结果与气温观测数据的RMSE值分别为2.97 K和2.91 K，而BNU气温数据的RMSE值则分别为2.03 K和1.79 K。CFSR比湿数据在DGS和BTS台站的插值结果与比湿观测数据的RMSE值分别为0.00254 kg/kg和0.00235 kg/kg，而BNU比湿数据的RMSE值则分别为0.00148 kg/kg和0.00153 kg/kg。CFSR风速数据在BTS和DGS台站的插值结果与风速观测数据的RMSE值分别为2.70 m/s和2.53 m/s，而BNU风速数据的RMSE值则都为1.53 m/s。

分别将BTS和DTG台站的近地面气温、比湿和风速的观测数据替换为CFSR和BNU的相应数据，运行CoLM，对土壤温度和土壤湿度进行模拟。对于BTS台站，无论替换3个驱动变量中的哪一个，BNU数据对10层土壤温度和土壤湿度的模拟结果都比使用CFSR数据的模拟结果更接近“真值”，尤其是对第10层土壤温度和深层土壤湿度的模拟。对于DGS台站，当替换气温和风速变量时，BNU数据对于土壤温度和土壤湿度的模拟均有较好的表现，尤其是对于深层土壤湿度。而当替换比湿数据时，BNU数据对于第10层土壤温度的模拟结果要比 CFSR 数据的模拟结果好，但对于 20～100 cm 土壤湿度的模拟要比 CFSR 数据的模拟结果差。

将 BTS 和 DGS 台站的近地面气温、比湿和风速的观测数据同时替换为 BNU 数据和 CFSR 数据中的相应变量，驱动 CoLM 对土壤温度和土壤湿度进行模拟。应用 BNU 数据对土壤温度的模拟结果都比 CFSR 数据的模拟结果要好(除了在 BTS 台站的第 10 层)。而应用 BNU 数据和 CFSR 数据对浅层(0～12 cm)土壤湿度的模拟结果基本一致；在中层(12～62 cm)，应用 BNU 数据对土壤湿度的模拟结果要比 CFSR 数据的模拟结果稍差；而在深层(100 cm 以下)，应用 BNU 数据对土壤湿度的模拟要明显好于 CFSR 数据的模拟效果。总体来说，BNU 数据比 CFSR 数据在 CoLM 对土壤温度和土壤湿度的模拟效果上要好。

第 4 章　中国大气驱动数据集的建立与评估

本章主要讲解了如何通过融合国内的台站观测数据、CFSR 数据、Princeton 大气驱动数据和 GEWEX SRB 下行短波辐射数据，构造中国 1958—2010 年的逐 3 小时、5 千米×5 千米分辨率的大气驱动数据集——BNU 中国陆面模式大气驱动数据，其中包括近地面气温、相对湿度、风速、气压、降水、下行短波辐射和下行长波辐射这 7 个变量。然后对 BNU 中国陆面模式大气驱动数据的结果进行评估。本章所用的数据已在 2.1 节进行了介绍，其中近地面气温场、相对湿度场、风速场、气压场和降水数据场的插值估计方法已在 2.2 节讲解，而下行短波辐射场和下行长波辐射场的建立方案与前 5 个场的建立方案有所不同，将在本章详细介绍。

4.1　观测数据的预处理

国内的近地面气温、相对湿度、风速和气压的台站观测数据在 1998—2006 年期间虽然是 3 小时观测，但是各时间段的观测数量并不均匀(3 时、9 时、15 时、21 时的观测数量比 0 时、6 时、12 时、18 时的要少)。我们利用薄板平滑样条模型的理论(见 2.2.1 节)，将 3 时、9 时、15 时、21 时的观测数据补全，具体过程如下。

以气温为例，假定 i 是待补全观测数据的时刻($i=3$ 时，9 时，15 时，21 时)，利用 i、$i-3$、$i+3$ 三个时刻公共的观测数据及观测数据的地理位置和高程信息建立模型如下：

$$t_i = f_i(x,y) + \beta_{i,1} \cdot z(x,y) + \beta_{i,2} \cdot t_{i-3} + \beta_{i,3} \cdot t_{i+3} \tag{4-1}$$

其中，i 代表时间，x, y 为台站的经纬度，f 为薄板平滑样条函数，z 为高程，$\beta_{i,1}$、

$\beta_{i,2}$、$\beta_{i,3}$ 分别为待估计的线性回归系数。具体的插值估计方法见 2.2.1 节。

本书选用 2004 年的数据对上述补全观测数据的方法进行验证，把在每个待补全观测数据的时刻已有的观测数据等分成两部分，一部分用于拟合式(4-1)，剩余的部分用于验证。

其他参与结果对比的模型还有

$$t_i = (t_{i-3} + t_{i+3}) / 2 \tag{4-2}$$

$$t_i = f_i(x, y) + \beta_i \cdot z(x, y) \tag{4-3}$$

$$t_i = f_i(x, y) + \beta_{i,1} \cdot z(x, y) + \beta_{i,2} \cdot t_{i-3} \tag{4-4}$$

$$t_i = f_i(x, y) + \beta_{i,1} \cdot z(x, y) + \beta_{i,2} \cdot t_{i+3} \tag{4-5}$$

验证的结果如表 4-1 所示。

表 4-1 各种补全观测数据的方法的精度验证

	式(4-1)	式(4-2)	式(4-3)	式(4-4)	式(4-5)
气温(℃)	1.43	2.44	2.21	1.70	1.63
气压(hPa)	0.66	2.52	1.33	0.73	0.77
相对湿度(%)	8.13	10.98	12.15	9.28	9.23
风速(m/s)	0.45	0.50	0.47	0.46	0.46

4.2 近地面气温场

4.2.1 格点场的建立

利用 2.2.1 节的方法建立趋势面，在每个有观测的数据时刻，采用如下的薄板平滑样条模型来估计趋势面：

$$1958—1978\text{ 年：}\ t(x) = f(x) + \beta \cdot z(x) + \varepsilon(x) \tag{4-6}$$

$$1979—2010\text{ 年：}\ t(x) = f(x) + \beta_1 \cdot z(x) + \beta_2 \cdot t_{\text{cfsr}}(x) + \varepsilon(x) \tag{4-7}$$

模型(4-6)和模型(4-7)中符号的含义同模型(3-1)，估计方法也与第3章建立全球近地面气温场趋势面的一致。

我们应用2.2.2节的方法对趋势面进行残差订正(同全球近地面气温场的处理)。其中，对于1990年之前的情形，利用日观测数据建立模型；对于1990—1997年的情形，利用6小时观测数据建立模型；对于1998—2010年的情形，利用3小时观测数据建立模型。最后对日尺度和6小时尺度的插值结果利用2.2.3节描述的方法进行时间降尺度插值。其中，1958—1978年的模型采用3小时分辨率的Princeton大气驱动数据中的气温数据作为辅助数据，1979—1989年的模型采用CFSR数据中的气温数据作为辅助数据。

4.2.2　方法验证和精度评估

4.2.2.1　引入高程

众所周知，气温数据对地形高度是非常敏感的，故本书应用高程作为气温场趋势面的协变量。高程协变量的系数可视为在拟合时刻估计的区域的平均气温递减率(由于薄板平滑样条模型是分区拟合的，因此高程协变量前面的系数是区域的平均结果)，且由于在每个有观测数据的时刻拟合一次气温场趋势面，因此高程协变量的系数是随时间变化的。我们希望找到中国的气温递减率与季节和区域的关系，并研究这个相关性对气温估计的影响。

图4-1给出日平均气温递减率在4个区域中估计值的年变化。从图中可以看出，气温递减率存在着明显的季节变化，在夏季的时候偏高，这与Rolland(2003)、Blandford et al.(2008)和Hutchinson et al.(2009)的结果是一致的。同时也表明了如果在薄板平滑样条模型中采用一个常数气温递减率，那么很可能会造成气温场精度的下降。

为了证明这一点，对1区2003年1月到3月的数据进行一个对比实验(这个区域在该时间段的日平均气温递减率比常用的0.65℃/100 m要小很多)。首先，将气温观测数据和CFSR气温数据利用常数气温递减率0.65℃/100 m转化成海平面气温。然后，应用没有高程协变量的薄板平滑样条模型[模型(4-7)中去掉高程协变量]来模拟气温场趋势面。最后，将估计的趋势面利用常数气温递减率转化成地形高度上的气温。

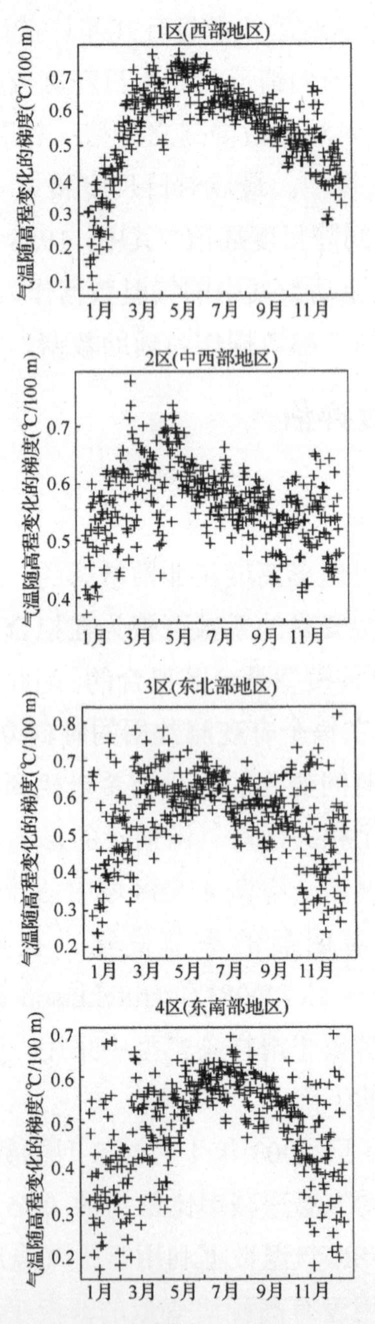

图 4-1　估计的日平均气温递减率[模型(4-7)中 β_1 的相反数]

实验的 CV 值为 4.35℃，而用模型(4-7)建立的气温场趋势面的 CV 值为 4.03 ℃。对于其他区域和其他时间段也用同样的方法进行了检验，结果显示，使用模型(4-7)建立的气温场趋势面的 CV 值要比传统的利用常数气温递减率转化方法得到的 CV 值小。上述实验表明，常数气温递减率 0.65℃/100 m 可以大致反映出气温与高程的关系，但并不精确，使用高程作为协变量能更精确地表示这种关系。

4.2.2.2　引入 CFSR 数据

利用 2003 年每月第 3 日的 6 小时气温数据，我们来验证 CFSR 数据在建立趋势面中的作用及这个作用的空间变化。表 4-2 给出了趋势面的模型(4-7)中使用和不使用 CFSR 数据作为协变量的 CV 值。结果表明，使用 CFSR 数据作为协变量的 CV 值在所有 4 个区域都比不使用的 CV 值要小。这说明使用 CFSR 数据作为协变量可以提高气温场趋势面的精度。另外，气温场趋势面的 CV 值在 1 区最大，在 4 区最小。这可能与观测台站在 1 区最稀疏而在 4 区最稠密有关。

表 4-2　使用和不使用 CFSR 数据作为协变量的 CV 值(单位：℃)

	1 区	2 区	3 区	4 区	平均
不使用 CFSR 数据	2.96	2.09	1.88	1.49	2.10
使用 CFSR 数据	2.80	2.04	1.82	1.41	2.02

为了进一步研究以上关系随季节的变化，我们分别用 2003 年 1 月和 7 月的气温数据做了同样的实验，结果见表 4-3。从结果来看，7 月趋势面在各个区域的误差都要低于 1 月相应区域的误差。但无论是 1 月还是 7 月，使用 CFSR 数据作为协变量的 CV 值的平方是不使用 CFSR 数据的 96%，这说明虽然 1 月和 7 月之间误差的规模有差异，但使用 CFSR 数据作为协变量对消减误差的作用几乎是相同的。

表 4-3 使用和不使用 CFSR 数据作为协变量的 CV 值(1 月和 7 月)(单位：℃)

区域	1 月		7 月	
	不使用 CFSR 数据	使用 CFSR 数据	不使用 CFSR 数据	使用 CFSR 数据
1 区	3.96	3.91	2.42	2.39
2 区	2.48	2.47	1.77	1.74
3 区	2.62	2.48	1.50	1.47
4 区	1.58	1.55	1.46	1.41
平均	2.66	2.60	1.79	1.75

4.2.2.3 趋势面的残差订正

表 4-4 为本书建立的 BNU 中国陆面模式大气驱动数据中气温数据(简称 BNU 中国气温数据，即 BNU 气温场趋势面)的 RMSE 值、CV 值和订正之后的 CV 值。从表中可以看出，BNU 气温场趋势面的 RMSE 值要大于仪器的观测误差(0.2℃)，因此对趋势面进行残差订正是有必要的。从表中还可以看出，订正之后的 CV 值小于订正之前趋势面的 CV 值，这说明气温场趋势面的残差具有空间相关性，所以对趋势面进行残差订正是有效的。

表 4-4 BNU 气温场趋势面的 RMSE 值、CV 值和订正之后的 CV 值(单位：℃)

	1 区	2 区	3 区	4 区	平均
RMSE 值	2.24	1.69	1.54	1.23	1.68
CV 值	2.80	2.04	1.82	1.41	2.02
订正之后的 CV 值	2.76	2.01	1.78	1.34	1.97

4.2.2.4 与其他方法的比较

下面采用 2003 年每月第 3 日的观测数据进行验证。

一种比较流行的空间插值方法是，使用原始的再分析数据或遥感数据作为趋势面，再把趋势面残差的空间插值结果叠加在趋势面上，以形成最后的格点场(Xie and Xiong, 2011)。不可否认，这种插值方法是有效的。例如，使用 Princeton 气温数据作为趋势面，再用简单克里金方法进行残差订正，所得气温数据的4个区域的平均CV值是3.4℃，而Princeton气温数据的平均RMSE值是4.29℃。然而，BNU中国气温数据的平均CV值是1.97℃，明显小于3.4℃。两套方案采用了同样的残差订正方法，BNU中国气温数据的优势在于选用了精度更高的趋势面。这说明趋势面的质量直接影响最终数据产品的质量。

中国科学院青藏高原研究所研发了一套中国大气驱动数据集(ITPCAS)(He, 2010; Chen et al., 2011)。其中的趋势面选用Princeton气温数据，并用薄板平滑样条模型对残差场进行订正。ITPCAS气温数据的全国平均CV值是2.5℃，仍然高于BNU中国气温数据的1.97℃。这也是因为BNU中国气温数据采用了质量更好的趋势面。

Hutchinson et al.(2009)认为，三维薄板平滑样条模型(以经度、纬度和高程作为样条函数的自变量)用于气温场的模拟可能比不用高程作为变量的二维薄板平滑样条模型更好。下面我们来验证这个结论。使用CFSR数据作为协变量的三维薄板平滑样条模型建立的趋势面的CV值，在1区、2区、3区、4区分别是3.01℃、2.24℃、1.92℃和1.40℃。而BNU中国气温数据关于这4个区域的CV值分别是2.80℃、2.04℃、1.82℃和1.41℃。显然Hutchinson et al.(2009)的结论对于前3个区域并不正确。虽然从理论上来说，三维样条模型可以模拟出气温递减率的空间变化率，但可能由于前3个区域的观测数据比较稀疏，不能支持更复杂的三维样条模型的参数估计，反而相对简单的二维样条模型的效果更好。4区的观测数据更密集，三维样条模型的CV值与二维样条模型的几乎一样，这也进一步验证了我们的结论。

Barnes空间插值(Barnes, 1964; 1978)也是一种常用的方案。为了消除地形对气温的影响，先将气温应用0.65℃/100 m的常数气温递减率降到海平面上，然后使用Barnes方法进行插值，再把最后的气温插值结果升到地形高度上。表4-5列出了使用Barnes方法进行插值后的CV值，它在每一个区域都大于BNU中国气温数据的CV值。可见BNU方案优于使用Barnes方法进行插值的方案。

表 4-5 两种方案的 CV 值比较(单位：℃)

	1 区	2 区	3 区	4 区	平均
Barnes	3.15	2.15	1.90	1.47	2.16
BNU	2.79	1.87	1.68	1.29	1.91

4.2.2.5 与其他格点场的比较

Princeton 大气驱动数据是现在应用于陆面模式的最为流行的大气驱动数据，而 CFSR 数据是最近几年发展的高时空分辨率的再分析数据，所以本书将 BNU 中国陆面模式大气驱动数据与 Princeton 大气驱动数据和 CFSR 数据分别在观测台站尺度上和格点尺度上进行比较。

1. 在观测台站尺度上的比较

将 CFSR 和 Princeton 气温数据插值到观测台站上的 RMSE 结果如图 4-2 所示。结果表明，BNU 中国气温数据的 CV 值要比 CFSR 和 Princeton 气温数据的 RMSE 值小很多，这说明 BNU 中国气温数据在观测台站尺度上比相应的 CFSR 和 Princeton 气温数据的精度要高。而且，我们在气温场趋势面的基础上进行了残差订正，所以最后的 BNU 中国气温数据在附近有台站观测数据的格点上的误差比趋势面的 CV 值还要小。

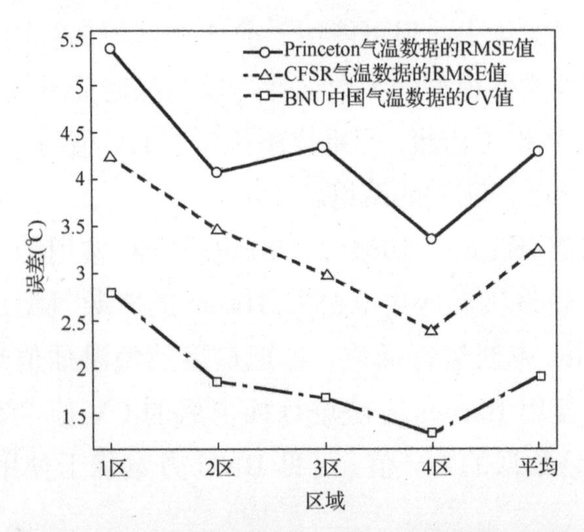

图 4-2 BNU 中国气温数据、CFSR 气温数据、Princeton 气温数据与台站观测数据的精度对比

2. 在格点尺度上的比较

验证 BNU 中国气温数据在 CFSR 气温数据的空间分辨率（0.3125°×0.3125°）和 Princeton 气温数据的空间分辨率（1°×1°）上的精度，得出的 BNU 中国气温数据与 CFSR 和 Princeton 气温数据相比降低的方差估计的平方根如表 4-6 所示。从结果来看，这些值都是正的，并且都比 BNU 气温场趋势面的 CV 值要大。这说明 BNU 中国气温数据在 0.3125°×0.3125° 空间分辨率上要比 CFSR 气温数据精确，并且在 1°×1° 空间分辨率上也比 Princeton 气温数据精确。

在冬季，CFSR 和 Princeton 气温数据在内蒙古东北部高估了气温。在夏季，CFSR 气温数据在黑龙江和辽宁地区也高估了气温，Princeton 气温数据在吉林地区和江淮地区存在着大范围的高估现象。

表 4-6　BNU 中国气温数据与 CFSR 和 Princeton 气温数据相比降低的方差估计的平方根（单位：℃）

	1 区	2 区	3 区	4 区	平均
Princeton	4.69	3.11	4.00	2.84	3.71
CFSR	4.48	3.53	2.39	2.12	3.14

4.3　近地面相对湿度场

4.3.1　格点场的建立

对于相对湿度 q，在不同时间段采用不同的模型来估计趋势面，在每个有观测数据的时刻，采用如下的薄板平滑样条模型来估计趋势面：

$$1958—1978\text{ 年：}\ q(x,y)=f(x,y)+\varepsilon(x,y) \tag{4-8}$$

$$1979—2010\text{ 年：}\ q(x,y)=f(x,y)+\beta_1 q_{\mathrm{cfsr}}(x,y)+\varepsilon(x,y) \tag{4-9}$$

上述符号的含义同气温场的式（4-6），应用 2.2.2 节的方法对趋势面进行残差订正。

对于 1990 年之前的情形，利用日观测数据建立模型；对于 1990—1997 年的情形，利用 6 小时观测数据建立模型；对于 1998—2010 年的情形，利用 3 小时观测数据建立模型。最后对 1990 年之前和 1990—1997 年两个时间段的插值结果，利用 2.2.3 节描述的方法进行时间降尺度插值。所用的辅助数据与 4.2.1 节气温场的相同。

4.3.2 方法验证和精度评估

4.3.2.1 引入 CFSR 数据

我们利用 2003 年每月第 3 日的数据，验证了使用 CFSR 数据作为相对湿度场趋势面的协变量对于提高趋势面精度的作用(见表 4-7)。结果表明，对于近地面相对湿度，使用 CFSR 数据作为协变量，可以提高相对湿度场趋势面的精度。

表 4-7 使用和不使用 CFSR 数据作为协变量的 CV 值(%)

	1 区	2 区	3 区	4 区	平均
不使用 CFSR 数据	14.72	11.83	10.49	9.11	11.54
使用 CFSR 数据	14.12	11.54	10.25	8.91	11.20

利用 2003 年 1 月和 7 月的相对湿度数据，再次验证了使用 CFSR 数据作为协变量的作用，结果见表 4-8。从表中可以看出，相对湿度场趋势面在 7 月的各个区域的精度都要高于 1 月相应区域的精度。而且 CFSR 数据在 7 月对趋势面精度的改善要优于 1 月。

表 4-8 使用和不使用 CFSR 数据作为协变量的 CV 值(1 月和 7 月)(%)

区域	1 月		7 月	
	不使用 CFSR 数据	使用 CFSR 数据	不使用 CFSR 数据	使用 CFSR 数据
1 区	14.61	14.56	13.62	13.06
2 区	12.26	12.20	10.44	10.20
3 区	10.74	10.67	8.85	8.66
4 区	10.23	10.15	8.00	7.76
平均	11.96	11.90	10.23	9.92

4.3.2.2　趋势面的残差订正

表 4-9 为本书建立的 BNU 中国陆面模式大气驱动数据中相对湿度数据(简称 BNU 中国相对湿度数据，即 BNU 相对湿度场趋势面)的 RMSE 值、CV 值和订正之后的 CV 值。从表中可以看出，BNU 相对湿度场趋势面的 RMSE 值要大于观测误差，因此对趋势面进行残差订正是有必要的。从表中还可以看出，订正之后的 CV 值小于订正之前趋势面的 CV 值，这说明相对湿度场趋势面的残差具有空间相关性，包含了一些趋势面中没有的信息，所以对趋势面进行残差订正是有效的。

表 4-9　BNU 相对湿度场趋势面的 RMSE 值、CV 值和订正之后的 CV 值(%)

	1 区	2 区	3 区	4 区	平均
RMSE 值	11.25	9.81	8.93	8.00	9.50
CV 值	14.12	11.54	10.25	8.91	11.20
订正之后的 CV 值	14.07	11.40	10.03	8.75	11.06

4.3.2.3　与其他方法的比较

本小节的研究思路与 4.2.2.4 节的大致相同。

第一种比较的方案是，使用 Princeton 大气驱动数据中的相对湿度数据作为趋势面，然后应用简单克里金方法对 Princeton 相对湿度数据的趋势面进行残差订正。Princeton 相对湿度数据的 RMSE 值为 21.19%，使用简单克里金方法订正之后的 CV 值为 15.9%，而应用本书提出的 BNU 方案算出的 CV 值为 10.54%。这说明对 Princeton 相对湿度数据进行订正确实是有效的。但是，由于使用 Princeton 相对湿度数据作为趋势面，其精度远远不如使用 BNU 中国相对湿度数据作为趋势面的精度高，因此基于 Princeton 相对湿度数据订正之后的结果会比基于 BNU 中国相对湿度数据的差一些。

其次，与 ITPCAS 驱动数据制备方案进行对比，即以 Princeton 相对湿度数据作为背景场，基于台站观测数据并利用不含协变量的薄板平滑样条模型对背景场进行残差订正。应用该方法计算得出的区域的平均 CV 值为 12.28%，而 BNU 方案的平均 CV 值为 10.54%。产生这种差异的主要原因也是趋势面的质量。

最后，将 BNU 方案与使用 Barnes 方法进行插值的方案进行对比，结果见表 4-10，可以看出 BNU 方案的结果更精确。

表 4-10 两种方案的 CV 值比较(%)

	1 区	2 区	3 区	4 区	平均
Barnes	15.59	11.97	10.59	9.00	11.79
BNU	13.86	10.60	9.47	8.21	10.54

4.3.2.4 与其他格点场的比较

将 BNU 中国相对湿度数据与 CFSR 和 Princeton 相对湿度数据分别在观测台站尺度上和格点尺度上进行比较。

1. 在观测台站尺度上的比较

将 CFSR 和 Princeton 相对湿度数据插值到观测台站上的结果如图 4-3 所示。从图中可以看出，BNU 中国相对湿度数据的 CV 值要比 CFSR 和 Princeton 相对湿度数据的 RMSE 值小很多，这说明 BNU 中国相对湿度数据的精度在观测台站尺度上比相应的 CFSR 和 Princeton 相对湿度数据的精度要高。而且，我们在相对湿度场趋势面的基础上进行了残差订正，所以最后的 BNU 中国相对湿度数据在附近有台站观测数据的格点上的误差比趋势面的 CV 值还要小。

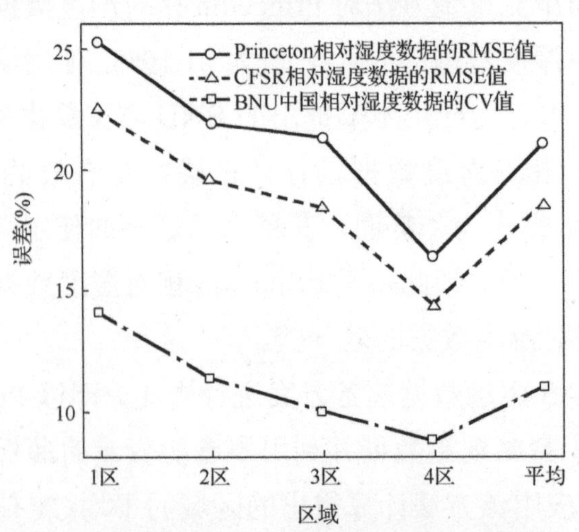

图 4-3 BNU 中国相对湿度数据、CFSR 相对湿度数据、Princeton 相对湿度数据的精度对比

2. 在格点尺度上的比较

验证 BNU 中国相对湿度数据在 CFSR 相对湿度数据的空间分辨率(0.3125°×0.3125°)和 Princeton 相对湿度数据的空间分辨率(1°×1°)上的精度，根据式(2-19)得出的 BNU 中国相对湿度数据与 CFSR 和 Princeton 相对湿度数据相比降低的方差估计的平方根如表 4-11 所示。从结果来看，这些值都是正的，并且都比 BNU 相对湿度场趋势面的 CV 值要大。这说明 BNU 中国相对湿度数据在 0.3125°×0.3125°空间分辨率上要比 CFSR 相对湿度数据精确，并且在 1°×1°空间分辨率上也比 Princeton 相对湿度数据精确。

表 4-11　BNU 中国相对湿度数据与 CFSR 和 Princeton 相对湿度数据相比降低的方差估计的平方根(%)

	1 区	2 区	3 区	4 区	平均
Princeton	17.60	16.02	15.48	11.12	15.16
CFSR	20.52	18.42	18.80	13.45	17.83

将不同驱动产品的相对湿度数据与台站观测数据进行对比，可以发现在冬季，CFSR 相对湿度数据在内蒙古东北部、黑龙江北部及江淮地区容易有低估现象，在四川西南部和广东、福建的沿海地区容易有高估现象；而 Princeton 相对湿度数据存在着大范围的低估现象。在夏季，CFSR 相对湿度数据在内蒙古北部、东北大部分地区容易有低估现象，在江淮地区有高估现象；而 Princeton 相对湿度数据存在着大范围的高估现象。

4.4 近地面风速场

4.4.1 格点场的建立

在 1958—2010 年期间，在每个有观测数据的时刻，采用如下的薄板平滑样条模型来估计趋势面：

$$w(x) = f(x) + \varepsilon(x) \tag{4-10}$$

对趋势面不进行残差订正，并且应用 2.2.3 节的方法对日尺度的插值结果和 6 小时尺度的插值结果进行时间降尺度(与 4.2.1 节中气温场的情况完全相同)。

4.4.2　方法验证和精度评估

4.4.2.1　引入 CFSR 数据

我们利用 2003 年每月第 3 日的数据，验证了使用 CFSR 数据作为风速场趋势面的协变量来估计的误差结果(见表 4-12)。结果表明，对于风速场趋势面，是否使用 CFSR 数据作为协变量对趋势面的精度没有影响。

表 4-12　使用和不使用 CFSR 数据作为协变量的 CV 值(单位：m/s)

	1 区	2 区	3 区	4 区	平均
不使用 CFSR 数据	0.52	0.51	0.48	0.53	0.51
使用 CFSR 数据	0.52	0.51	0.48	0.53	0.51

4.4.2.2　趋势面的残差订正

表 4-13 为本书建立的 BNU 中国陆面模式大气驱动数据中风速数据(简称 BNU 中国风速数据，即 BNU 风速场趋势面)的 RMSE 值、CV 值和订正之后的 CV 值。从结果可以看出，对风速场趋势面进行残差订正并没有提高趋势面的精度。这可能是由于风速场趋势面的 RMSE 值本来就比较小，基本在观测误差的范围之内，并且趋势面残差基本独立，所以对其进行残差订正不会提高趋势面的精度。

表 4-13　BNU 风速场趋势面的 RMSE 值、CV 值和订正之后的 CV 值(单位：m/s)

	1 区	2 区	3 区	4 区	平均
RMSE 值	0.48	0.48	0.44	0.50	0.48
CV 值	0.52	0.51	0.48	0.53	0.51
订正之后的 CV 值	0.52	0.51	0.48	0.53	0.51

4.4.2.3　与其他方法的比较

第一种比较的方案是，使用 Princeton 大气驱动数据中的风速数据作为趋势面，然后使用简单克里金方法对 Princeton 风速数据的趋势面进行残差订正。Princeton 风速数据在台站上的区域的平均 RMSE 值为 3.19 m/s。利用简单克里金方法对 Princeton 风速数据进行残差订正之后的 CV 值为 1.3 m/s，而本书提出的 BNU 方案的平均 CV 值是 0.51 m/s。由此可以看出，虽然基于 Princeton 风速数据进行残差订正是有效的，但使用 Princeton 风速数据作为趋势面的精度，远远不如本书提出的使用薄板平滑样条模型作为趋势面的精度高，这同样说明趋势面的质量将直接影响最终数据产品的质量。

其次，与 ITPCAS 驱动数据制备方案进行对比，即以 Princeton 风速数据作为背景场，基于台站观测数据并利用不含协变量的薄板平滑样条模型对背景场进行残差订正。应用该方法计算得出的区域的平均 CV 值为 0.76 m/s，而 BNU 方案的平均 CV 值为 0.51 m/s。产生这种差异的主要原因也是趋势面的质量。

最后，将 BNU 方案与使用 Barnes 方法进行插值的方案进行对比，结果见表 4-14，可以看出 BNU 方案的结果更精确。

表 4-14　两种方案的 CV 值比较(单位：m/s)

	1 区	2 区	3 区	4 区	平均
Barnes	2.24	1.51	1.56	1.59	1.73
BNU	0.52	0.51	0.48	0.53	0.51

4.4.2.4　与其他格点场的比较

将 BNU 中国风速数据与 CFSR 和 Princeton 风速数据分别在观测台站尺度上和格点尺度上进行比较。

1. 在观测台站尺度上的比较

将 CFSR 和 Princeton 风速数据插值到观测台站上的结果如图 4-4 所示。从图中可以看出，BNU 中国风速数据的 CV 值要比 CFSR 和 Princeton 风速数据的 RMSE 值小很多，这说明 BNU 中国风速数据的精度在观测台站尺度上比相应的 CFSR 和 Princeton 风速数据的精度要高。

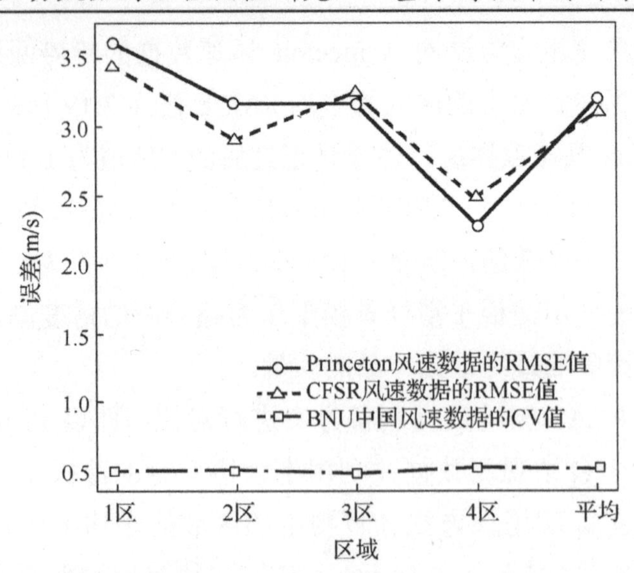

图 4-4 BNU 中国风速数据、CFSR 风速数据、Princeton 风速数据的精度对比

2. 在格点尺度上的比较

验证 BNU 中国风速数据在 CFSR 风速数据的空间分辨率（0.3125° × 0.3125°）上和 Princeton 风速数据的空间分辨率（1°×1°）上的精度。表 4-15 为 BNU 中国风速数据与 CFSR 和 Princeton 风速数据相比降低的方差估计的平方根。从表中可以看出，这些值都是正的，并且都比 BNU 风速场趋势面的 CV 值要大。这说明 BNU 中国风速数据在 0.3125°×0.3125° 空间分辨率上要比 CFSR 风速数据精确，并且在 1° ×1° 空间分辨率上也比 Princeton 风速数据精确。

表 4-15 BNU 中国风速数据与 CFSR 和 Princeton 风速数据相比降低的方差估计的平方根（单位：m/s）

	1 区	2 区	3 区	4 区	平均
Princeton	3.53	3.11	3.08	2.71	3.11
CFSR	3.40	2.85	3.20	2.42	3.06

将不同驱动产品的近地面风速数据与台站观测数据进行对比，可以发现在冬季，CFSR 风速数据在全国范围内的很多地区都有低估现象，在青海、四川的部分地区有高估现象；而 Princeton 风速数据在新疆南部、青海

和辽宁地区有高估现象。在夏季，CFSR 风速数据在内蒙古的大部分地区有高估现象；Princeton 风速数据在浙江、江西和湖南地区有低估现象。

4.5 近地面气压场

4.5.1 格点场的建立

在 1958—2010 年期间，在每个有观测数据的时刻，采用如下的薄板平滑样条模型来估计趋势面：

$$p(x)=f(x)+s(z(x))+\varepsilon(x) \tag{4-11}$$

其中，s 是一维平滑样条函数，其他符号的含义参见近地面气温场的介绍。

应用 2.2.3 节的方法对日尺度的插值结果和 6 小时尺度的插值结果进行时间降尺度(与 4.2.1 节中气温场的情况完全相同)。

4.5.2 方法验证和精度评估

4.5.2.1 引入高程

气压数据对地形高度非常敏感，本书将应用高程为自变量的一维平滑样条函数作为气压场趋势面的协变量，而不是简单地利用经验压高公式来订正气压数据。然后对这两种订正高程的方案进行比较，实验比较数据选取 1 区 2003 年 1 月到 3 月的数据。

传统的利用经验公式订正高程的方案如下。将观测点 x 处的气压数据利用式(2-4)的逆关系转化成海平面的气压数据，然后基于海平面的数据，利用没有高程协变量的模型(4-11)建立趋势面；在此基础上利用式(2-4)将海平面的气压场趋势面订正成地形高度处的气压，此方案得出的 CV 值为 3.92 hPa。而应用本书提出的方案算出的 CV 值为 1.46 hPa。由此可以看出，相比于传统的气压高度订正，使用高程为自变量的一维平滑样条函数作为气压场趋势面的协变量，可以更细致地刻画出气压与高程的关系，从而使最后的结果更加精确。

4.5.2.2　引入 CFSR 数据

我们利用 2003 年每月第 3 日的数据，验证了使用 CFSR 数据作为气压场趋势面的协变量来估计的误差结果，如表 4-16 所示。结果表明，对于气压场趋势面，是否使用 CFSR 数据作为协变量对趋势面的精度没有影响。其原因是气压场可以很精确地由观测数据的位置和高程的模型(4-11)刻画，并不需要 CFSR 数据的信息。

表 4-16　使用和不使用 CFSR 数据作为协变量的 CV 值(单位：hPa)

	1 区	2 区	3 区	4 区	平均
不使用 CFSR 数据	1.78	1.75	1.15	1.17	1.46
使用 CFSR 数据	1.78	1.75	1.15	1.17	1.46

4.5.2.3　趋势面的残差订正

表 4-17 为本书建立的 BNU 中国陆面模式大气驱动数据中气压数据(简称 BNU 中国气压数据，即 BNU 气压场趋势面)的 RMSE 值、CV 值和订正之后的 CV 值。从结果可以看出，对气压场趋势面进行残差订正并没有提高趋势面的精度，这可能是由于气压场趋势面本来的残差就很小，且几乎是空间独立的，而残差订正方法的前提即残差场是空间相关的，因此对气压场趋势面进行残差订正并不会提高趋势面的精度。

表 4-17　BNU 气压场趋势面的 RMSE 值、CV 值和订正之后的 CV 值(单位：hPa)

	1 区	2 区	3 区	4 区	平均
RMSE 值	1.21	1.48	0.96	0.99	1.16
CV 值	1.78	1.75	1.15	1.17	1.46
订正之后的 CV 值	1.78	1.75	1.15	1.17	1.46

4.5.2.4　与其他方法的比较

第一种比较的方案是，使用 Princeton 大气驱动数据中的气压数据作为趋势面，然后使用简单克里金方法对 Princeton 气压数据的趋势面进行残差订正。Princeton 气压数据在台站上的区域的平均 RMSE 值为 4.04 hPa，利用简单克里金方法对 Princeton 气压数据进行残差订正之后的 CV 值为 3.9 hPa，而本书提出的 BNU 方案的平均 CV 值是 1.42 hPa。由此可以看出，虽然基于 Princeton 气压数据进行残差订正是有效的，但用这种方法得出的气压场趋势面的CV值要高于采用BNU方案的结果。原因在于使用Princeton气压数据作为趋势面，其精度不如本书提出的使用薄板平滑样条模型作为趋势面的精度高。

其次，与 ITPCAS 驱动数据制备方案进行对比，即以 Princeton 气压数据作为背景场，基于台站观测数据并利用不含协变量的薄板平滑样条模型对背景场进行残差订正，应用该方法计算得出的区域的平均 CV 值为 3.06 hPa，而 BNU 方案的平均 CV 值为 1.42 hPa，趋势面的质量是产生这种差异的主要原因。

最后，将 BNU 方案与使用 Barnes 方法进行插值的方案进行对比，结果如表 4-18 所示，可以看出 BNU 方案的结果更精确。

表 4-18 两种方案的 CV 值比较(单位：hPa)

	1 区	2 区	3 区	4 区	平均
Barnes	4.79	3.44	3.03	3.35	3.65
BNU	1.76	1.73	1.08	1.12	1.42

4.5.2.5 与其他格点场的比较

将 BNU 中国气压数据与 CFSR 和 Princeton 气压数据分别在观测台站尺度上和格点尺度上进行比较。

1. 在观测台站尺度上的比较

将 CFSR 和 Princeton 气压数据插值到观测台站上的结果如表 4-19 所示。从表中可以看出，气压数据的插值过程中高程的订正采用式(2-4)。由此可知，BNU 中国气压数据的 CV 值要比 CFSR 和 Princeton 气压数据的 RMSE 值小很多。这说明 BNU 中国气压数据的精度在观测台站尺度上比相应的 CFSR 和 Princeton 气压数据的精度要高。

表 4-19 Princeton 气压数据、CFSR 气压数据和 BNU 中国气压数据的精度对比(单位:hPa)

	1 区	2 区	3 区	4 区	平均
Princeton	4.07	3.91	4.00	4.18	4.04
CFSR	9.73	5.21	1.96	1.65	4.64
BNU	1.76	1.73	1.08	1.12	1.42

2. 在格点尺度上的比较

验证BNU中国气压数据在CFSR气压数据的空间分辨率(0.3125°×0.3125°)上和 Princeton 气压数据的空间分辨率(1°×1°)上的精度。表 4-20 为 BNU 中国气压数据与 CFSR 和 Princeton 气压数据相比降低的方差估计的平方根。从结果来看，BNU 中国气压数据在 0.3125°×0.3125° 空间分辨率上的精度比 CFSR 气压数据的要高，而且在 1°×1° 空间分辨率上的精度也比 Princeton 气压数据的要高。

表 4-20 BNU 中国气压数据与 CFSR 和 Princeton 气压数据相比降低的方差估计的平方根(单位：hPa)

	1 区	2 区	3 区	4 区	平均
Princeton	11.56	3.88	8.88	3.79	8.09
CFSR	7.07	5.01	1.72	1.28	3.77

将不同驱动产品的气压数据与台站观测数据进行对比，可以发现无论冬季还是夏季，总体来说 BNU 中国气压数据、CFSR 气压数据、Princeton 气压数据都和台站观测数据比较吻合。这是因为气压变量在很大程度上由高程所决定，所以这三套数据的气压空间分布和观测数据基本一致。

4.6　降水场

4.6.1　格点场的建立

利用 1958—2010 年的日降水数据建立趋势面，在以下时间段的薄板平滑样条模型分别为

$$1958—1978\text{年：}\ r(x,y)=f(x,y)+\varepsilon(x,y) \tag{4-12}$$

$$1979—1997\text{年：}\ r(x,y)=f(x,y)+\alpha\cdot r_{\text{cfsr}}(x,y)+\varepsilon(x,y) \tag{4-13}$$

$$1998—2010\text{年：}\ r(x)=f(x,y)+\alpha\cdot r_{\text{cmorph}}(x,y)+\varepsilon(x,y) \tag{4-14}$$

其中，r 代表日观测降水量，$r_{\text{cfsr}}(x,y)$ 和 $r_{\text{cmorph}}(x,y)$ 分别为日平均的 CFSR 数据和 CMORPH 数据在 (x,y) 处的线性插值，其他符号的含义与式(3-1)中的相同。类似于气压场，不对降水场的趋势面进行残差订正。

利用 2.2.3 节描述的方法，对日尺度降水数据向 3 小时分辨率进行时间降尺度插值。其中，对于 1958—1978 年的情形，采用 3 小时分辨率的 Princeton 大气驱动数据中的降水数据作为辅助数据；对于 1979—1997 年的情形，采用 CFSR 数据中的降水数据作为辅助数据；对于 1998—2010 年的情形，采用 CMORPH 数据作为辅助数据。

4.6.2　方法验证和精度评估

下面将应用 2003 年全年的降水数据进行验证。

4.6.2.1　引入 CMORPH 数据

为了评估 CMORPH 数据对建立降水场趋势面的作用，本书应用模型(4-12)拟合 2003 年的降水数据作为对照，相应的结果如表 4-21 所示。从结果可以看出，使用 CMORPH 数据作为协变量的降水场趋势面的精度比不使

用 CMORPH 数据作为协变量的精度要高，这说明 CMORPH 数据可以提供一些观测台站没有提供的信息。

表 4-21　不使用 CMORPH 数据作为协变量的模型(4-12)和使用 CMORPH 数据作为协变量的模型(4-14)的 CV 值(单位：mm/day)

	1 区	2 区	3 区	4 区	平均
不使用 CMORPH 数据作为协变量的模型(4-12)	2.29	5.38	4.30	7.98	4.99
使用 CMORPH 数据作为协变量的模型(4-14)	2.19	4.77	3.91	6.98	4.46

从结果可以看出，模型(4-14)的 CV 值小于模型(4-12)的 CV 值，这说明使用 CMORPH 数据可以提高降水场趋势面的精度。

4.6.2.2　趋势面的残差订正

表 4-22 为利用模型(4-14)建立的 BNU 中国陆面大气驱动数据中降水数据(简称 BNU 中国降水数据，即 BNU 降水场趋势面)的 RMSE 值、CV 值和订正之后的 CV 值。从结果可以看出，虽然降水场趋势面的残差明显大于降水仪器的观测误差，但对降水场趋势面进行残差订正并没有提高趋势面的精度。其原因可能是所用的 740 个左右的观测数据对于降水场的空间变化来说太稀疏，导致残差的空间相关性不强，所以基于残差相关性的简单克里金方法并没有起到作用。

表 4-22　BNU 降水场趋势面的 RMSE 值、CV 值和订正之后的 CV 值(单位：mm/day)

	1 区	2 区	3 区	4 区	平均
RMSE 值	1.78	4.11	3.48	6.02	3.85
CV 值	2.19	4.77	3.91	6.98	4.46
订正之后的 CV 值	2.18	4.77	3.9	7.03	4.47

4.6.2.3　与 CMORPH 数据的比较

图 4-5 给出了将 CMORPH 数据线性插值到观测台站的 RMSE 值与 BNU 中国降水数据的 CV 值的比较。结果显示，BNU 中国降水数据的精度要高于 CMORPH 数据的精度。这说明卫星观测数据的精度不如基于观测数据建立的降水驱动数据集的精度，同时也表明基于观测数据建立降水驱动数据集的重要意义。

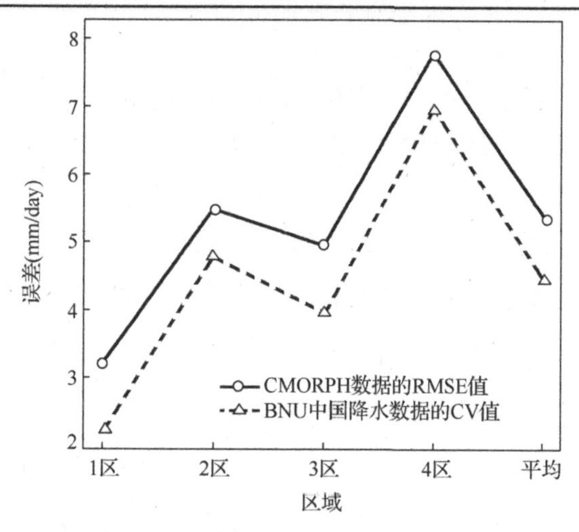

图4-5 CMORPH数据和BNU中国降水数据的精度对比

4.7 辐射场

4.7.1 格点场的建立

下面应用台站观测数据的日照时数、日最高气温、日最低气温和日平均相对湿度建立下行短波辐射场。日照时数是指太阳在一地实际照射地面的时数，即地面观测点受到太阳直接辐射的辐照度大于等于120 W/m^{2}的累计时间。这里需要注意的是，日照时数的观测数据统一采用北京时间。

第一步是利用2.2.1节的方法建立日照时数在两个时间段的回归模型：

1958—1982年和2008—2010年：

$$s(x,y)=f(x,y)+\beta_1 t_d(x,y)+\beta_2 F(q(x,y))+\varepsilon(x,y) \tag{4-15}$$

1983—2007年：

$$s(x,y)=f(x,y)+\beta_1 t_d(x,y)+\beta_2 F(q(x,y))+\beta_3 G(x,y)+\varepsilon(x,y) \tag{4-16}$$

其中，s为日照时数，t_d为气温在北京时间的日变化（即日最高气温减去日最低气温），q为北京时间的日平均相对湿度，有

$$F(q)=\frac{1-\exp\left(-2.34\left(1-\frac{q}{100}\right)\right)}{1-\exp(-2.34)} \tag{4-17}$$

$G(x,y)$是 GEWEX SRB 下行短波辐射数据(简称 GEWEX SRB 数据)在(x,y)处的插值。模型(4-15)和模型(4-16)的拟合方案同气温场的模型(4-6)和模型(4-7)的估计方法，并利用 5 千米×5 千米格点的经纬度信息、气温日变化数据、日均相对湿度数据及 GEWEX SRB 数据，生成 5 千米×5 千米格点的日尺度日照时数。

第二步是利用中科院青藏高原研究所的阳坤教授等提出的太阳辐射模型，计算逐 3 小时、5 千米×5 千米分辨率的下行短波辐射(Yang et al., 2001；2006)。计算步骤为：首先，根据前面已经建立的近地面气温场、相对湿度场和气压场，计算日平均气温、日平均相对湿度和日平均气压(北京时间)，并结合日照时数场，计算日尺度的下行短波辐射。其次，根据太阳高度角的变化，将下行短波辐射的日尺度数据分配到 3 小时的时间尺度上。最后，生成逐 3 小时、5 千米×5 千米分辨率的下行短波辐射场，并将北京时间转换成世界时间。

下行长波辐射场采用了 Crawford(1999)中提出的算法，由下行短波辐射场、近地面气温场、相对湿度场和气压场直接计算生成。

4.7.2　方法验证和精度评估

下面将使用2003年全国90个下行短波辐射观测台站的日观测数据作为“真值”来验证产品的质量。为了验证 GEWEX SRB 数据对于建立日照时数模型的作用，我们利用回归模型(4-15)和模型(4-16)分别计算了 2003 年的日照时数，然后分别用这两种日照时数的结果计算了下行短波辐射，两者的比较结果见表 4-23。从结果来看，使用 GEWEX SRB 数据作为协变量在各个区域都能提高短波辐射场的精度，尤其是在 1 区，解释方差提高了 31%左右，在全部 4 个区域，平均解释方差提高了 20%左右。

表 4-23　应用 2003 年每月第 3 日的数据对短波辐射场进行精度验证（单位：W/m^2）

	1 区	2 区	3 区	4 区	全部
不使用 GEWEX SRB 数据作为协变量的 CV 值	34.09	37.26	28.81	35.72	34.44
使用 GEWEX SRB 数据作为协变量的 CV 值	28.31	33.65	25.70	32.93	30.87
Princeton 辐射数据的 RMSE 值	51.39	58.09	54.94	62.13	57.65
GEWEX SRB 数据的 RMSE 值	31.45	34.67	29.32	30.33	31.41

同时，为了与 Princcton 大气驱动数据中的辐射数据及 GEWEX SRB 数据的短波辐射场的精度进行对比，表 4-23 中也给出了 Princeton 辐射数据和 GEWEX SRB 数据的 RMSE 值。从结果可以看出，GEWEX SRB 数据的精度远高于 Princeton 辐射数据的精度。表中还给出了使用和不使用 GEWEX SRB 数据作为协变量的短波辐射场的 CV 值。

除了 4 区，在其他区域利用式(4-16)（即使用 GEWEX SRB 数据作为协变量）计算得到的短波辐射场的 CV 值小于 GEWEX SRB 数据的 CV 值，这就提供了一种更好地应用 GEWEX SRB 数据改进短波辐射场的新途径。不使用 GEWEX SRB 数据作为协变量的短波辐射的 CV 值（34.44 W/m^2）略大于 GEWEX SRB 数据的 RMSE 值（31.41 W/m^2），但明显小于 Princeton 辐射数据的 RMSE 值（57.65 W/m^2）。由此可见，在没有 GEWEX 数据的年份，我们得出的短波辐射场的精度基本相当于 GEWEX SRB 数据的质量；而在有 GEWEX SRB 数据的年份，可以得到优于 GEWEX SRB 数据的短波辐射数据。

4.8　小结

本章介绍了 1958—2010 年的中国逐 3 小时、5 千米×5 千米分辨率的大气驱动数据集（包括近地面气温、相对湿度、风速、气压、降水、下行短波辐射和下行长波辐射这 7 个变量），即 BNU 中国陆面模式大气驱动数据；并将本书提出的 BNU 方案与其他方案进行了对比。特别是对各种协变量在趋势面估计中的作用及在趋势面的残差订正中的作用进行了有效验证。

1. 关于近地面气温、相对湿度、风速和气压这 4 个变量的主要结论。

(1) 在建立方案上：近地面气温和相对湿度场的建立方案都用到 CFSR 数据和残差订正。实验证明，将 CFSR 数据用作气温场和相对湿度场趋势面的协变量，可以有效地提高趋势面的精度。而且对这两个场的趋势面残差使用简单克里金方法进行订正，可以进一步改进产品的质量。而对于风速场和气压场的情况正好相反，再分析数据和残差订正都没有没有起到作用。

(2) 在与其他方案的比较上：对于这 4 个变量场，分别将 BNU 方案和其他 3 种方案进行了对比。一种方案是应用 Princeton 大气驱动数据作为背景场，然后基于 Princeton 大气驱动数据使用简单克里金方法进行订正。另一种方案是应用 Princeton 大气驱动数据作为背景场，然后使用无协变量的薄板平滑样条模型对背景场进行残差订正。第三种方案是使用 Barnes 方法进行插值。结果显示，采用 BNU 方案得到的模型的精度要优于这三种方案的精度。

(3) 在与其他数据的比较上：将 BNU 中国陆面模式大气驱动数据与 CFSR 数据、Princeton 大气驱动数据分别在观测台站尺度上和格点尺度上进行对比。结果显示，无论在观测台站尺度上，还是在 Princeton 大气驱动数据的空间分辨率或者 CFSR 数据的空间分辨率上，BNU 中国陆面模式大气驱动数据的精度要远远高于 Princeton 大气驱动数据和 CFSR 数据的精度。

2. 关于降水场的主要结论

(1) 在建立方案上：应用 CMORPH 卫星数据作为降水场趋势面的协变量可以提高模型的精度，但应用简单克里金方法对降水场趋势面进行残差订正并不能提高模型的精度。

(2) 在与其他数据的比较上：BNU 中国降水数据的精度高于 CMORPH 降水数据的精度。

3. 关于辐射场的主要结论

(1)在建立方案上：使用 GEWEX SRB 数据作为日照时数模型的协变量在各个区域都能提高模型的精度，尤其在西部地区，解释方差提高 31%左右，在全部 4 个区域的平均解释方差提高了 20%左右。

(2)在与其他数据的比较上：GEWEX SRB 数据优于 Princeton 短波辐射数据；在没有 GEWEX SRB 数据的年份，用本书提出的方案做出的短波辐射场的精度基本相当于 GEWEX SRB 数据的质量；而在有 GEWEX SRB 数据的年份，通过融合，可以得到略优于 GEWEX SRB 数据的格点场。

第 5 章　总结与展望

5.1　主要结论

大气驱动数据是影响陆面模式模拟的重要因素。很多研究表明，不精确的驱动数据是导致陆面模式模拟误差的主要原因之一(Robock et al., 2003; Pan et al., 2003)。但现有的全球范围的大气驱动数据大多数是一些再分析数据，或者是利用月尺度的观测数据订正的再分析数据。而再分析数据的近地面气象变量在小时尺度上与观测数据相差较大，很难满足气象、水文和生态等研究方向对大气驱动数据在小时尺度上的精度要求。另外，现有的全球驱动数据的空间分辨率都比较粗糙，所以需要在小时尺度上具有较高精度、较高空间分辨率的全球驱动数据。特别是在国内，暂时还不存在长时间序列的高时空分辨率、高精度的大气驱动变量的再分析数据。

本书融合了地面观测数据和再分析数据，生成了 BNU 全球陆面模式大气驱动数据(包括近地面气温、相对湿度、风速和气压这 4 个变量)和 BNU 中国陆面模式大气驱动数据(包括近地面气温、相对湿度、风速、气压、降水、下行短波辐射和下行长波辐射这 7 个变量)。本书还对各个驱动变量的插值方法进行了研究，并对生成的两套驱动数据进行精度验证。

1. 关于 BNU 全球陆面模式驱动数据的主要结论

(1) 对于近地面气温和相对湿度，利用 CFSR 数据作为薄板平滑样条模型的协变量可以改善趋势面的精度，而对于风速和气压，将 CFSR 数据作为薄板平滑样条模型的协变量并不能改善模型的精度。

(2) 对于近地面气温、相对湿度和风速，利用薄板平滑样条模型建立的趋势面残差场存在空间相关性，利用简单克里金方法对这 3 个变量的趋势面进行残差订正，可以提高趋势面的精度。而对于气压，由于趋势面残差比较小，基本在观测误差的范围之内，不存在空间相关性，所以对其趋势面进行残差订正并不能提高趋势面的精度。

(3)将本书建立的BNU全球陆面模式驱动数据与CFSR数据的相应变量进行了精度对比。结果显示，BNU全球气温数据、相对湿度数据、风速数据在每个区域的精度都明显高于CFSR数据相应变量的精度，而BNU全球气压数据在某些区域的表现不如CFSR气压数据。经过验证，如果CFSR数据在某个区域的RMSE值小于BNU全球气压数据的CV值，那么在该区域就直接采用CFSR数据的插值结果作为最终BNU全球气压数据的产品。

(4)ERA-Interim 再分析数据的近地面气象变量的精度整体上都高于CFSR数据相应变量的精度。而从整体上来看，BNU全球陆面模式大气驱动数据要优于ERA-Interim再分析数据，尤其是对于近地面气温、相对湿度和风速，但在非洲区域(12区)，由于台站比较稀疏，BNU全球气温数据、相对湿度数据和风速数据在该区域的表现不如ERA -Interim数据的相应变量。而对于气压，BNU全球气压数据的精度稍差于ERA-Interim气压数据的精度。但由于在ERA-Interim再分析数据的产品可下载使用之前，BNU全球陆面模式大气驱动数据已制作完成，所以本书没有采用它作为薄板平滑样条模型的协变量。

(5)将本书建立的BNU全球陆面模式大气驱动数据、CFSR数据及ERA-Interim再分析数据的相应变量分别与台站观测数据进行了相关性分析。ERA-Interim再分析数据与台站观测数据的相关性要强于CFSR数据与台站观测数据的相关性。而从整体上来看，BNU全球陆面模式大气驱动数据与台站观测数据的相关性要强于ERA-Interim再分析数据的情况，只有BNU全球气压数据与台站观测数据的相关性基本等同于ERA-Interim气压数据的情况。

(6)应用BNU全球陆面模式大气驱动数据(气温、比湿和风速)和CFSR的相应变量数据作为通用陆面模式(CoLM)的驱动数据在单点尺度上(DGS和BTS台站)对土壤温度和土壤湿度进行模拟。

首先分别将BNU全球陆面模式大气驱动数据和CFSR数据中的近地面气温数据、比湿数据、风速数据插值到DGS和BTS台站，将两套数据的插值结果与相应的台站观测数据进行对比。结果表明，BNU全球气温数据、比湿数据和风速数据在这两个研究台站的精度要明显优于CFSR数据。其中，BNU全球气温数据要比CFSR气温数据的精度高1℃左右；BNU全球比湿数据要比CFSR比湿数据的精度高0.0001 kg/kg左右；BNU全球风速数据要比CFSR风速数据的精度高1 m/s左右。

将真实的台站观测数据作为CoLM的驱动，并将模拟出的10层土壤温度和10层土壤湿度的结果作为“真值”，其他实验结果都和该“真值”进行比较。

分别将BTS和DGS台站的近地面气温、比湿和风速的观测数据替换为CFSR数据和BNU全球陆面模式大气驱动数据中的相应数据，驱动CoLM对土壤温度和土壤湿度进行模拟，结果如下。对于BTS台站，无论替换3个驱动变量中的哪一个，BNU全球陆面模式大气驱动数据驱动CoLM对10层土壤温度和土壤湿度的模拟结果，都比使用CFSR数据的模拟结果更精确。对于DGS台站，当替换气温和风速数据时，BNU全球陆面模式大气驱动数据对于土壤温度和土壤湿度的模拟均有较好的表现，尤其是对于深层土壤湿度；而当替换比湿数据时，BNU全球陆面模式大气驱动数据对于底层土壤温度的模拟比CFSR数据的模拟结果稍差，而且对于土壤湿度在20～100 cm之间的模拟比CFSR数据的模拟结果差。

将BTS和DGS台站的近地面气温、比湿和风速的观测数据同时替换为CFSR数据和BNU全球陆面模式大气驱动数据中的相应数据，驱动CoLM对土壤温度和土壤湿度进行模拟，结果如下。应用BNU全球陆面模式大气驱动数据对土壤温度的模拟结果都比CFSR数据的模拟结果要好很多(除了在BTS台站的第10层)。而应用BNU全球陆面模式大气驱动数据和CFSR数据对浅层土壤(0～12 cm)湿度的模拟结果基本一致；在中层深度(12～62 cm)处，应用BNU全球陆面模式大气驱动数据对土壤湿度的模拟结果比应用

CFSR 数据的模拟结果稍差；而在深层土壤(100 cm 以下)，应用 BNU 全球陆面模式大气驱动数据对土壤湿度的模拟要明显优于 CFSR 数据的模拟结果。

2. 关于BNU中国陆面模式大气驱动数据的主要结论

(1)对于 BNU 中国近地面气温场、相对湿度场、气压场的建立方案与 BNU 全球陆面模式大气驱动数据的相同。而 BNU 中国风速数据的建立与 BNU 全球风速数据的不同之处在于，BNU 中国风速数据并没有应用简单克里金方法对趋势面进行残差订正。这是因为在国内，风速场的趋势面残差都比较小(基本在观测误差的范围之内)，所以不需要对其进行订正。

(2)高程在建立近地面气温场和气压场时的应用：对于气温，将高程作为薄板平滑样条模型的协变量；对于气压，采用以高程为自变量的一维平滑样条函数作为趋势面的协变量。我们发现，气温场趋势面的高程协变量的系数是随时间变化的，而且有明显的季节趋势，0.0065℃/100 m 的常数气温递减率并不能精确地反映气温和高程的关系。对于气压变量也是类似的原理，经验压高公式同样不能精确地反映气压和高程的关系。所以利用高程作为薄板平滑样条模型的协变量，更能精确地反映出气温和气压数据与高程的依赖关系。

(3)大气驱动数据集的精度很大程度上依赖于趋势面(背景场)的精度，对于国内的近地面气温场、相对湿度场、风速场和气压场，采用 Princeton 大气驱动数据作为趋势面，然后再用简单克里金方法对 Princeton 趋势面进行残差订正，使用该方法计算出来的误差要比本书提出的 BNU 方案的误差大。这说明一个趋势面的质量对于最终产品的精度是非常关键的。

(4)对于降水场，使用 CMORPH 数据作为降水场趋势面的协变量可以提高模型的精度；由于所用的观测数据的稠密程度大部分不足以使残差具有空间相关性，所以利用简单克里金方法对趋势面进行残差订正没有效果。经过验证，BNU 中国降水数据的精度要高于 CMORPH 降水数据的精度。

(5) 对于日照时数场，利用日照时数观测、日气温变化、相对湿度数据和 GEWEX SRB 数据建立日照时数场。本书表明，利用 GEWEX SRB 数据作为日照时数模型的协变量，在各个分区都能提高模型的精度，尤其是在 1 区（西部地区），解释方差提高 31%左右，在全部 4 个区域，平均解释方差提高了 20%左右。

(6) 对于短波辐射场，BNU 中国短波辐射数据的精度大大优于 Princeton 数据；在没有使用 GEWEX SRB 数据作为协变量时，BNU 中国短波辐射数据的精度与 GEWEX SRB 数据的精度相当。因此，在没有 GEWEX SRB 数据的年份，用本书提出的方案获得的短波辐射场的精度基本相当于 GEWEX SRB 数据的质量，而在有 GEWEX 数据的年份，通过融合，可以得到优于 GEWEX SRB 数据的格点场。

5.2 本书的创新点

(1) 本书建立的 BNU 全球陆面模式大气驱动数据和 BNU 中国陆面模式大气驱动数据的时间分辨率是 3 小时，空间分辨率是 5 千米×5 千米，比以往的驱动数据在空间分辨率上有了很大的提高，满足了流域水文和生态等研究方向对于高时空分辨率的大气驱动数据的要求。

(2) 本书的驱动数据是基于小时观测数据和再分析数据建立的，所以在小时尺度上非常接近于观测数据。当把本书产生的驱动数据应用于气象、水文和生态监测及数据同化等研究时，会使模式的模拟结果在小时尺度上更加接近于真值。

(3) 本书利用再分析数据和遥感数据作为薄板平滑样条模型的协变量，这样同时结合了台站观测数据和再分析数据的双重优势，使得最后的产品既在小时尺度上有较高的精度，而且由于再分析数据的引入，也使得最终产品有了较好的空间结构。

(4) 本书尝试应用简单克里金方法对薄板平滑样条模型进行残差订正。这在以往的研究中是没有使用的。根据薄板平滑样条模型的拟合理论，只能保证在没有观测点的地区(或者是台站稀疏地区)的预报误差最小，而在观测点处的预报误差很可能会超出观测误差的范围。所以，当薄板平滑样条模型的残差超出观测误差的范围时，应用简单克里金方法对模型进行残差订正可能是有效的。而且这种订正的效果与残差的空间相关性有关。如果台站的分布相对于变量的空间变化足够密集(如气压数据)或过于稀疏(如降水数据)，残差都可能是空间不相关的。

5.3　存在的问题和研究展望

本书基于台站观测数据和再分析数据、遥感数据等开发了一套全球近地面气温、相对湿度、风速和气压数据集和一套中国大气驱动数据集(包括近地面气温、相对湿度、风速、气压、降水和辐射数据)，取得了一定的成果，但是在研究的广度和深度上，仍然有一定的欠缺，有待进一步提高。

(1) 本书关于全球的大气驱动数据只做了气温、相对湿度、气压和风速这 4 个变量的模型，并没有包括降水和辐射产品。计划今后尝试建立其他变量的格点场，尤其是全球降水场；但由于数据相对缺乏，需探索不同的建立方案。

(2) 本书在建立近地面气温场、相对湿度场、风速场和气压场的薄板平滑样条模型的趋势面时，只验证了 CFSR 数据作为薄板平滑样条模型的协变量的作用，并没有对新出现的一些再分析数据(如 ERA-Interim、MERRA、JRA-55 等)进行研究。虽然本书也证明了 ERA-Interim 的近地面大气变量数据要比 CFSR 数据的精度高，但由于时间的关系，整个产品还是采用了 CFSR 数据作为协变量。在今后的研究中可以尝试使用一些新的再分析数据作为薄板平滑样条模型的协变量，如果应用最新的一些再分析数据有助于提高现有产品的精度，那么就可以考虑更新我们的产品。

(3) 本书在建立国内的降水场时，所做的探索性实验不够，在以后的工作中考虑将更多的降水数据融合进来，比如 ERA-interim 降水数据，CRU、GPCP、GPCC 的月降水数据，以及 TRMM 等遥感反演的降水数据。

(4) 目前为止，本书建立的全球近地面气温数据、相对湿度数据、风速数据和气压数据的时间覆盖范围是 1979—2010 年，中国大气驱动数据集的时间覆盖范围是 1958—2010 年。计划在下一步工作中将这些数据集延续下去，并且不断做各种尝试，不断提高数据集的精度，为中国和全球的陆面模拟研究提供有力的数据支持。

参 考 资 料

[1] Bala G, Devaraju N, Chaturvedi R K, et al. Nitrogen deposition: how important is it for global terrestrial carbon uptake?[J]. Biogeosciences Discussions, 2013, 10(7).

[2] Barnes S L. A technique for maximizing details in numerical weather map analysis[J]. Journal of Applied Meteorology, 1964, 3(4): 396-409.

[3] Barnes S L. Oklahoma thunderstorms on 29–30 April 1970. Part I: Morphology of a tornadic storm[J]. Monthly Weather Review, 1978, 106(5): 673-684.

[4] Berg A A, Famiglietti J S, Walker J P, et al. Impact of bias correction to reanalysis products on simulations of North American soil moisture and hydrological fluxes[J]. Journal of Geophysical Research: Atmospheres, 2003, 108(D16).

[5] Betts A K, Hong S Y, Pan H L. Comparison of NCEP—NCAR reanalysis with 1987 FIFE data[J]. Monthly Weather Review, 1996, 124(7): 1480-1498.

[6] Betts A K, Viterbo P, Wood E. Surface energy and water balance for the Arkansas—Red River basin from the ECMWF reanalysis[J]. Journal of climate, 1998, 11(11): 2881-2897.

[7] Betts A K, Ball J H. FIFE surface climate and site-average dataset 1987–89[J]. Journal of the Atmospheric Sciences, 1998, 55(7): 1091-1108.

[8] Betts A K, Viterbo P, Beljaars A, et al. Evaluation of land-surface interaction in ECMWF and NCEP/NCAR reanalysis models over grassland (FIFE) and boreal forest (BOREAS)[J]. Journal of Geophysical Research: Atmospheres, 1998, 103(D18): 23079-23085.

[9] Black T L. The new NMC mesoscale Eta model: Description and forecast examples[J]. Weather and

forecasting, 1994, 9(2): 265-278.

[10] Blandford T R, Humes K S, Harshburger B J, et al. Seasonal and synoptic variations in near-surface air temperature lapse rates in a mountainous basin[J]. Journal of Applied Meteorology and Climatology, 2008, 47(1): 249-261.

[11] Bosilovich M G, Chen J, Robertson F R, et al. Evaluation of global precipitation in reanalyses[J]. Journal of applied meteorology and climatology, 2008, 47(9): 2279-2299.

[12] Cosgrove B A, Lohmann D, Mitchell K E, et al. Real-time and retrospective forcing in the North American Land Data Assimilation System (NLDAS) project[J]. Journal of Geophysical Research: Atmospheres, 2003, 108(D22).

[13] Chen D, Ou T, Gong L, et al. Spatial interpolation of daily precipitation in China: 1951–2005[J]. Advances in Atmospheric Sciences, 2010, 27(6): 1221-1232.

[14] Chen J, Chen B, Black T A, et al. Comparison of terrestrial evapotranspiration estimates using the mass transfer and Penman-Monteith equations in land surface models[J]. Journal of Geophysical Research: Biogeosciences, 2013, 118(4): 1715-1731.

[15] Chen M, Xie P, Janowiak J E, et al. Global land precipitation: A 50-yr monthly analysis based on gauge observations[J]. Journal of Hydrometeorology, 2002, 3(3): 249-266.

[16] Chen Y, Yang K, He J, et al. Improving land surface temperature modeling for dry land of China[J]. Journal of Geophysical Research: Atmospheres, 2011, 116(D20).

[17] Dai Y J, Zeng X B, Dickinson R E. Common Land Model (CoLM): Technical documentation and user's guide, 69 pp[J]. Ga. Inst. of Technol., Atlanta, 2001.

[18] Dai Y, Zeng X, Dickinson R E, et al. The common land model[J]. Bulletin of the American Meteorological Society, 2003, 84(8): 1013-1024.

[19] Dai Y, Dickinson R E, Wang Y P. A two-big-leaf model for canopy temperature, photosynthesis, and

stomatal conductance[J]. Journal of Climate, 2004, 17(12): 2281-2299.

[20] de Goncalves L G G, Shuttleworth W J, Vila D, et al. The South American land data assimilation system (SALDAS) 5-yr retrospective atmospheric forcing datasets[J]. Journal of Hydrometeorology, 2009, 10(4): 999-1010.

[21] Dee D P, Uppala S. Variational bias correction of satellite radiance data in the ERA-Interim reanalysis[J]. Quarterly Journal of the Royal Meteorological Society: A journal of the atmospheric sciences, applied meteorology and physical oceanography, 2009, 135(644): 1830-1841.

[22] Dee D P, Uppala S M, Simmons A J, et al. The ERA-Interim reanalysis: Configuration and performance of the data assimilation system[J]. Quarterly Journal of the royal meteorological society, 2011, 137(656): 553-597.

[23] Ebita A, Kobayashi S, Ota Y, et al. The Japanese 55-year reanalysis "JRA-55": an interim report[J]. Sola, 2011, 7: 149-152.

[24] Fekete B M, Vörösmarty C J, Roads J O, et al. Uncertainties in precipitation and their impacts on runoff estimates[J]. Journal of Climate, 2004, 17(2): 294-304.

[25] Feng S, Hu Q, Qian W. Quality control of daily meteorological data in China, 1951–2000: a new dataset[J]. International Journal of Climatology: A Journal of the Royal Meteorological Society, 2004, 24(7): 853-870.

[26] Ferraro R R. Special sensor microwave imager derived global rainfall estimates for climatological applications[J]. Journal of Geophysical Research: Atmospheres, 1997, 102(D14): 16715-16735.

[27] Ferraro R R, Weng F, Grody N C, et al. Precipitation characteristics over land from the NOAA-15 AMSU sensor[J]. Geophysical Research Letters, 2000, 27(17): 2669-2672.

[28] Fortelius C, Andrew U, Forsblom M. The BALTEX regional reanalysis project[J]. Boreal environment research, 2002, 7(3): 193-202.

[29] Fuka D R, Walter M T, MacAlister C, et al. Using the Climate Forecast System Reanalysis as weather input data for watershed models[J]. Hydrological Processes, 2014, 28(22): 5613-5623.

[30] Gibson J K, Kallberg P, Uppala S, et al. ERA description. ECMWF Re-Analysis Project Report Series 1, ECMWF[J]. Reading, UK, 1997: 77.

[31] Harris I, Jones P D, Osborn T J, et al. Updated high-resolution grids of monthly climatic observations—the CRU TS3. 10 Dataset[J]. International Journal of Climatology, 2013.

[32] He J. Development of surface meteorological dataset of China with high temporal and spatial resolution[J]. Beijing, China, 2010.

[33] Hijmans R J, Cameron S E, Parra J L, et al. Very high resolution interpolated climate surfaces for global land areas[J]. International Journal of Climatology: A Journal of the Royal Meteorological Society, 2005, 25(15): 1965-1978.

[34] Huang C, Zheng X, Tait A, et al. On using smoothing spline and residual correction to fuse rain gauge observations and remote sensing data[J]. Journal of hydrology, 2014, 508: 410-417.

[35] Huang C, Li X, Lu L. Retrieving soil temperature profile by assimilating MODIS LST products with ensemble Kalman filter[J]. Remote Sensing of Environment, 2008, 112(4): 1320-1336.

[36] Huang C, Li X, Lu L, et al. Experiments of one-dimensional soil moisture assimilation system based on ensemble Kalman filter[J]. Remote sensing of environment, 2008, 112(3): 888-900.

[37] Huffman G J, Adler R F, Arkin P, et al. The global precipitation climatology project (GPCP) combined precipitation dataset[J]. Bulletin of the American Meteorological Society, 1997, 78(1): 5-20.

[38] Hutchinson M F, McKenney D W, Lawrence K, et al. Development and testing of Canada-wide interpolated spatial models of daily minimum–maximum temperature and precipitation for 1961–2003[J]. Journal of Applied Meteorology and Climatology, 2009, 48(4): 725-741.

[39] Ishii M, Shouji A, Sugimoto S, et al. Objective analyses of sea-surface temperature and marine

meteorological variables for the 20th century using ICOADS and the Kobe collection[J]. International Journal of Climatology: A Journal of the Royal Meteorological Society, 2005, 25(7): 865-879.

[40] Jacobs C M J, Moors E J, Ter Maat H W, et al. Evaluation of European Land Data Assimilation System (ELDAS) products using in situ observations[J]. Tellus A: Dynamic Meteorology and Oceanography, 2008, 60(5): 1023-1037.

[41] Jia B, Tian X, Xie Z, et al. Assimilation of microwave brightness temperature in a land data assimilation system with multi-observation operators[J]. Journal of Geophysical Research: Atmospheres, 2013, 118(10): 3972-3985.

[42] Liu J, Xie Z, Jia B, et al. The long-term field experiment observatory and preliminary analysis of land-atmosphere interaction over hilly zone in the subtropical monsoon region of southern China[J]. Atmos. Oceanic. Sci. Lett, 2013, 6: 203-209.

[43] Joyce R J, Janowiak J E, Arkin P A, et al. CMORPH: A method that produces global precipitation estimates from passive microwave and infrared data at high spatial and temporal resolution[J]. Journal of hydrometeorology, 2004, 5(3): 487-503.

[44] Kalnay E, Kanamitsu M, Kistler R, et al. The NCEP/NCAR 40-year reanalysis project[J]. Bulletin of the American meteorological Society, 1996, 77(3): 437-472.

[45] Kanamitsu M, Ebisuzaki W, Woollen J, et al. NCEP–DOE AMIP-II Reanalysis (R-2) Bulletin of the American Meteorological Society. 2002; 83: 1631-1643. doi: 10. 1175[R]. BAMS-83-11-1631.

[46] Kistler R, Kalnay E, Collins W, et al. The NCEP–NCAR 50-year reanalysis: monthly means CD-ROM and documentation[J]. Bulletin of the American Meteorological society, 2001, 82(2): 247-268.

[47] Kummerow C, Hong Y, Olson W S, et al. The evolution of the Goddard Profiling Algorithm (GPROF) for rainfall estimation from passive microwave sensors[J]. Journal of Applied Meteorology, 2001, 40(11): 1801-1820.

[48] Lawrence D M, Oleson K W, Flanner M G, et al. Parameterization improvements and functional and structural advances in version 4 of the Community Land Model[J]. Journal of Advances in Modeling Earth Systems, 2011, 3(1).

[49] Lenters J D, Coe M T, Foley J A. Surface water balance of the continental United States, 1963–1995: Regional evaluation of a terrestrial biosphere model and the NCEP/NCAR reanalysis[J]. Journal of Geophysical Research: Atmospheres, 2000, 105(D17): 22393-22425.

[50] Li M, Ma Z. Comparisons of simulations of soil moisture variations in the Yellow River basin driven by various atmospheric forcing data sets[J]. Advances in Atmospheric Sciences, 2010, 27(6): 1289-1302.

[51] Li M X, Ma Z G, Niu G Y. Modeling spatial and temporal variations in soil moisture in China[J]. Chinese Science Bulletin, 2011, 56(17): 1809-1820.

[52] Li T, Zheng X, Dai Y, et al. Mapping near-surface air temperature, pressure, relative humidity and wind speed over Mainland China with high spatiotemporal resolution[J]. Advances in Atmospheric Sciences, 2014, 31(5): 1127-1135.

[53] Li X, Koike T, Pathmathevan M. A very fast simulated re-annealing (VFSA) approach for land data assimilation[J]. Computers & Geosciences, 2004, 30(3): 239-248.

[54] Xin L, Chunlin H, Tao C, et al. Development of a Chinese land data assimilation system: Its progress and prospects[J]. Progress in Natural Science, 2007, 17(8): 881-892.

[55] Liu J G, Xie Z H. Improving simulation of soil moisture in China using a multiple meteorological forcing ensemble approach[J]. Hydrology & Earth System Sciences Discussions, 2013, 10(3).

[56] Liu Z, Xu Z, Yao Z, et al. Comparison of surface variables from ERA and NCEP reanalysis with station data over eastern China[J]. Theoretical and applied climatology, 2012, 107(3-4): 611-621.

[57] Ma L, Zhang T, Li Q, et al. Evaluation of ERA-40, NCEP-1, and NCEP-2 reanalysis air temperatures with ground-based measurements in China[J]. Journal of Geophysical Research: Atmospheres, 2008, 113(D15).

[58] Ma L, Zhang T, Frauenfeld O W, et al. Evaluation of precipitation from the ERA-40, NCEP-1, and NCEP-2 Reanalyses and CMAP-1, CMAP-2, and GPCP-2 with ground-based measurements in China[J]. Journal of Geophysical Research: Atmospheres, 2009, 114(D9).

[59] Mao J, Shi X, Ma L, et al. Assessment of reanalysis daily extreme temperatures with China's homogenized historical dataset during 1979–2001 using probability density functions[J]. Journal of climate, 2010, 23(24): 6605-6623.

[60] Maurer E P, O'Donnell G M, Lettenmaier D P, et al. Evaluation of the land surface water budget in NCEP/NCAR and NCEP/DOE reanalyses using an off-line hydrologic model[J]. Journal of Geophysical Research: Atmospheres, 2001, 106(D16): 17841-17862.

[61] Maurer E P, Wood A W, Adam J C, et al. A long-term hydrologically based dataset of land surface fluxes and states for the conterminous United States[J]. Journal of climate, 2002, 15(22): 3237-3251.

[62] Mesinger F, DiMego G, Kalnay E, et al. North American regional reanalysis[J]. Bulletin of the American Meteorological Society, 2006, 87(3): 343-360.

[63] Mitchell K E, Lohmann D, Houser P R, et al. The multi-institution North American Land Data Assimilation System (NLDAS): Utilizing multiple GCIP products and partners in a continental distributed hydrological modeling system[J]. Journal of Geophysical Research: Atmospheres, 2004, 109(D7).

[64] Mitchell T D, Jones P D. An improved method of constructing a database of monthly climate observations and associated high-resolution grids[J]. International Journal of Climatology: A Journal of the Royal Meteorological Society, 2005, 25(6): 693-712.

[65] Murray F W. On the computation of saturation vapor pressure[R]. Rand Corp Santa Monica Calif, 1966.

[66] Nasonova O N, Gusev Y M, Kovalev Y E. Impact of uncertainties in meteorological forcing data and land surface parameters on global estimates of terrestrial water balance components[J]. Hydrological Processes, 2011, 25(7): 1074-1090.

[67] New M, Hulme M, Jones P. Representing twentieth-century space-time climate variability. Part I: Development of a 1961—90 mean monthly terrestrial climatology[J]. Journal of climate, 1999, 12(3): 829-856.

[68] New M, Hulme M, Jones P. Representing twentieth-century space-time climate variability. Part II: Development of 1901—96 monthly grids of terrestrial surface climate[J]. Journal of climate, 2000, 13(13): 2217-2238.

[69] New M, Lister D, Hulme M, et al. A high-resolution data set of surface climate over global land areas[J]. Climate research, 2002, 21(1): 1-25.

[70] Ngo-Duc T, Polcher J, Laval K. A 53-year forcing data set for land surface models[J]. Journal of Geophysical Research: Atmospheres, 2005, 110(D6).

[71] Nijssen B, Lettenmaier D P. Effect of precipitation sampling error on simulated hydrological fluxes and states: Anticipating the Global Precipitation Measurement satellites[J]. Journal of Geophysical Research: Atmospheres, 2004, 109(D2).

[72] Onogi K, Tsutsui J, Koide H, et al. The JRA-25 reanalysis[J]. Journal of the Meteorological Society of Japan. Ser. II, 2007, 85(3): 369-432.

[73] Pan M, Sheffield J, Wood E F, et al. Snow process modeling in the North American Land Data Assimilation System (NLDAS): Evaluation of model simulated snow water equivalent[J]. Journal of Geophysical Research: Atmospheres, 2003, 108(D22).

[74] Qian T, Dai A, Trenberth K E, et al. Simulation of global land surface conditions from 1948 to 2004. Part I: Forcing data and evaluations[J]. Journal of Hydrometeorology, 2006, 7(5): 953-975.

[75] Peters W, Jacobson A R, Sweeney C, et al. An atmospheric perspective on North American carbon dioxide exchange: CarbonTracker[J]. Proceedings of the National Academy of Sciences, 2007, 104(48): 18925-18930.

[76] Rienecker M M, Suarez M J, Gelaro R, et al. MERRA: NASA's modern-era retrospective analysis for research and applications[J]. Journal of climate, 2011, 24 (14): 3624-3648.

[77] Reichle R H, Koster R D, De Lannoy G J M, et al. Assessment and enhancement of MERRA land surface hydrology estimates[J]. Journal of climate, 2011, 24 (24): 6322-6338.

[78] Ripley, B. D. Modern applied statistics with S-PLUS[M]. 1999: 462.

[79] Roads J, Betts A. NCEP–NCAR and ECMWF reanalysis surface water and energy budgets for the Mississippi River basin[J]. Journal of Hydrometeorology, 2000, 1 (1): 88-94.

[80] Robock A, Luo L, Wood E F, et al. Evaluation of the North American Land Data Assimilation System over the southern Great Plains during the warm season[J]. Journal of Geophysical Research: Atmospheres, 2003, 108 (D22).

[81] Rodell M, Houser P R, Jambor U E A, et al. The global land data assimilation system[J]. Bulletin of the American Meteorological Society, 2004, 85 (3): 381-394.

[82] Rolland C. Spatial and seasonal variations of air temperature lapse rates in Alpine regions[J]. Journal of climate, 2003, 16 (7): 1032-1046.

[83] Rudolf B. Management and analysis of precipitation data on a routine basis, paper presented at International WMO/IAHS[C]. ETH Symposium on Precipitation and Evaporation, Sloval Hydrometeorol. Inst. , Bratislava, Slovakia. 1993.

[84] Rudolf B, Hauschild H, Rueth W, et al. Terrestrial precipitation analysis: Operational method and required density of point measurements[M]. Global precipitations and climate change. Springer, Berlin, Heidelberg, 1994: 173-186.

[85] Rudolf B, Becker A, Schneider U, et al. The new "GPCC Full Data Reanalysis Version 5" providing high-quality gridded monthly precipitation data for the global land-surface is public available since December 2010[J]. GPCC Status rep, 2010.

[86] Saha S, Moorthi S, Pan H L, et al. The NCEP climate forecast system reanalysis[J]. Bulletin of the American Meteorological Society, 2010, 91(8): 1015-1058.

[87] Saha S, Moorthi S, Wu X, et al. The NCEP climate forecast system version 2[J]. Journal of climate, 2014, 27(6): 2185-2208.

[88] Saito M, Ito A, Maksyutov S. Evaluation of biases in JRA-25/JCDAS precipitation and their impact on the global terrestrial carbon balance[J]. Journal of climate, 2011, 24(15): 4109-4125.

[89] Schneider U, Fuchs T, Meyer-Christoffer A, et al. Global precipitation analysis products of the GPCC[J]. Global Precipitation Climatology Centre (GPCC), DWD, Internet Publikation, 2008, 112.

[90] Serreze M C, Hurst C M. Representation of mean Arctic precipitation from NCEP–NCAR and ERA reanalyses[J]. Journal of Climate, 2000, 13(1): 182-201.

[91] Sheffield J, Ziegler A D, Wood E F, et al. Correction of the High-Latitude Rain Day Anomaly in the NCEP–NCAR Reanalysis for Land Surface Hydrological Modeling[J]. Journal of Climate, 2004, 17(19).

[92] Sheffield J, Ziegler A D, Wood E F, et al. Correction of the high-latitude rain day anomaly in the NCEP–NCAR reanalysis for land surface hydrological modeling[J]. Journal of Climate, 2004, 17(19): 3814-3828.

[93] Sheng L, Liu S, Liu H. Influences of climate change and its interannual variability on surface energy fluxes from 1948 to 2000[J]. Advances in Atmospheric Sciences, 2010, 27(6): 1438-1452.

[94] Simmons A. ERA-Interim: New ECMWF reanalysis products from 1989 onwards[J]. ECMWF newsletter, 2006, 110: 25-36.

[95] Slonosky V C, Jones P D, Davies T D. Instrumental pressure observations and atmospheric circulation from the 17th and 18th centuries: London and Paris[J]. International Journal of Climatology, 2001, 21(3): 285-298.

[96] Smith S R, Legler D M, Verzone K V. Quantifying uncertainties in NCEP reanalyses using high-quality research vessel observations[J]. Journal of Climate, 2001, 14(20): 4062-4072.

[97] Sun Q, Miao C, Duan Q, et al. Would the 'real'observed dataset stand up? A critical examination of eight observed gridded climate datasets for China[J]. Environmental Research Letters, 2014, 9(1): 015001.

[98] Tian X, Dai A, Yang D, et al. Effects of precipitation-bias corrections on surface hydrology over northern latitudes[J]. Journal of Geophysical Research: Atmospheres, 2007, 112(D14).

[99] Trenberth K E, Smith L, Qian T, et al. Estimates of the global water budget and its annual cycle using observational and model data[J]. Journal of Hydrometeorology, 2007, 8(4): 758-769.

[100] Trenberth K E, Fasullo J T, Kiehl J. Earth's global energy budget[J]. Bulletin of the American Meteorological Society, 2009, 90(3): 311-324.

[101] Uppala S M, Kållberg P W, Simmons A J, et al. The ERA-40 reanalysis[J]. Quarterly Journal of the Royal Meteorological Society: A journal of the atmospheric sciences, applied meteorology and physical oceanography, 2005, 131(612): 2961-3012.

[102] Uppala S, Dee D, Kobayashi S, et al. Towards a climate data assimilation system: status update of ERA-Interim[J]. 2008.

[103] van den Hurk B, Viterbo P. The Torne-Kalix PILPS 2 (e) experiment as a test bed for modifications to the ECMWF land surface scheme[J]. Global and Planetary Change, 2003, 38(1-2): 165-173.

[104] van den Hurk B, Best M, Dirmeyer P, et al. Acceleration of land surface model development over a decade of GLASS[J]. Bulletin of the American Meteorological Society, 2011, 92(12): 1593-1600.

[105] Wahba G. Spline Models for Observational Data, vol. 59, CBMSNSF Regional Conf[J]. Series, Society for Industrial and Applied Mathematics, Philadelphia, PA, 1990.

[106] Wang A, Lettenmaier D P, Sheffield J. Soil moisture drought in China, 1950–2006[J]. Journal of Climate, 2011, 24(13): 3257-3271.

[107] Wang A, Zeng X. Evaluation of multireanalysis products with in situ observations over the Tibetan Plateau[J]. Journal of geophysical research: atmospheres, 2012, 117(D5).

[108] Ai-Hui W, Jian-Jian F. Changes in daily climate extremes of observed temperature and precipitation in China[J]. Atmospheric and oceanic science letters, 2013, 6(5): 312-319.

[109] Weedon G P, Gomes S, Viterbo P, et al. Creation of the WATCH forcing data and its use to assess global and regional reference crop evaporation over land during the twentieth century[J]. Journal of Hydrometeorology, 2011, 12(5): 823-848.

[110] Wu D D, Anagnostou E N, Wang G, et al. Improving the surface-ground water interactions in the Community Land Model: Case study in the Blue Nile Basin[J]. Water Resources Research, 2014, 50(10): 8015-8033.

[111] Wu R, Kinter Iii J L, Kirtman B P. Discrepancy of interdecadal changes in the Asian region among the NCEP–NCAR reanalysis, objective analyses, and observations[J]. Journal of climate, 2005, 18(15): 3048-3067.

[112] Xia Y, Mitchell K, Ek M, et al. Continental-scale water and energy flux analysis and validation for the North American Land Data Assimilation System project phase 2 (NLDAS-2): Intercomparison and application of model products[J]. Journal of Geophysical Research: Atmospheres, 2012, 117(D3).

[113] Xie P, Yatagai A, Chen M, et al. A gauge-based analysis of daily precipitation over East Asia[J]. Journal of Hydrometeorology, 2007, 8(3): 607-626.

[114] Xie P, Xiong A Y. A conceptual model for constructing high-resolution gauge-satellite merged precipitation analyses[J]. Journal of Geophysical Research: Atmospheres, 2011, 116(D21).

[115] Xu Y, Gao X, Shen Y, et al. A daily temperature dataset over China and its application in validating a RCM simulation[J]. Advances in Atmospheric sciences, 2009, 26(4): 763-772.

[116] Yang K, Huang G W, Tamai N. A hybrid model for estimating global solar radiation[J]. Solar energy, 2001, 70(1): 13-22.

[117] Yang K, Koike T, Ye B. Improving estimation of hourly, daily, and monthly solar radiation by importing global data sets[J]. Agricultural and Forest Meteorology, 2006, 137(1-2): 43-55.

[118] Yang K, Koike T, Kaihotsu I, et al. Validation of a dual-pass microwave land data assimilation system for estimating surface soil moisture in semiarid regions[J]. Journal of Hydrometeorology, 2009, 10(3): 780-793.

[119 Yang K, He J, Tang W, et al. On downward shortwave and longwave radiations over high altitude regions: Observation and modeling in the Tibetan Plateau[J]. Agricultural and Forest Meteorology, 2010, 150(1): 38-46.

[120] Zeng X, Shaikh M, Dai Y, et al. Coupling of the common land model to the NCAR community climate model[J]. Journal of Climate, 2002, 15(14): 1832-1854.

[121] Zhao M, Dirmeyer P A. Production and analysis of GSWP-2 near-surface meteorology data sets[M]. Calverton: Center for Ocean-Land-Atmosphere Studies, 2003.

[122] Zheng X, Basher R. Thin-plate smoothing spline modeling of spatial climate data and its application to mapping South Pacific rainfalls[J]. Monthly weather review, 1995, 123(10): 3086-3102.

[123] 白磊, 王维霞, 姚亚楠, 等. ERA-Interim和NCEP/NCAR再分析数据气温和气压值在天山山区适用性分析[J]. 沙漠与绿洲气象, 2013, 7(3): 51-56.

[124] 陈海山, 熊明明, 沙文钰. CLM 3.0 中国区域陆面过程的模拟实验及评估 I: 土壤气温[J]. 气象科学, 2010, 30(5): 621-630.

[125] 李新, 黄春林, 车涛, 等. 中国陆面数据同化系统研究的进展与前瞻[J]. 自然科学进展, 2007(2): 163-173.

[126] 梁晓. 集合卡曼滤波中估计误差协方差的新方法及其在陆面同化中的应用探索[D]. 北京: 北京师范大学, 2012.

[127] 刘波, 马柱国, 冯锦明. 1960—2004 年新疆地区地表水热过程的数值模拟研究 I: 以观测资料为基础的陆面过程模型大气驱动场的发展[J]. 中国沙漠, 2012, 32(02): 491-502.

[128] 潘小多, 李新, 钞振华. 区域尺度近地表气候要素驱动数据研制的研究综述[J]. 地球科学进展, 2010, 25(12): 1314-1324.

[129] 任芝花, 熊安元. 地面自动站观测资料三级质量控制业务系统的研制[J]. 气象, 2007, 33(1): 19-24.

[130] 沈艳, 冯明农, 张洪政, 等. 我国逐日降水量格点化方法[J]. 应用气象学报, 2010, 21(3): 279-286.

[131] 沈艳, 熊安元, 施晓晖, 刘小宁. 中国 55 年来地面水汽压网格数据集的建立及精度评价[J]. 气象学报, 2008(02): 283-291.

[132] 师春香, 谢正辉. 卫星多通道红外信息反演大气可降水业务方法[J]. 红外与毫米波学报, 2005, 24(4): 304-308.

[133] 师春香. 基于EnKF算法的卫星遥感土壤湿度同化研究[D]. 博士学位论文. 北京: 中国科学院研究生院, 2008.

[134] 熊明明, 陈海山, 俞淼. CLM 3. 0 对中国区域陆面过程的模拟试验及评估Ⅱ: 土壤湿度[J]. 气象科学, 2011, 31(1): 1-10.

[135] 赵天保, 艾丽坤, 冯锦明. NCEP 再分析数据和中国台站观测数据的分析与比较[J]. 气候与环境研究, 2004, 9(2): 278-294.

[136] 赵天保, 符淙斌. 2006. 中国区域 ERA-40、NCEP-2 再分析数据与观测数据的初步比较与分析[J]. 气候与环境研究, 11(1): 14-32, doi: 10. 3878/j. issn. 1006-9585. 2006. 01. 02.

[137] 张强, 阮新, 熊安元. 近 57 年我国气温格点数据集的建立和质量评估[J]. 应用气象学报, 2009, 20(4): 385-393.

[138] 盛裴轩. 大气物理学[M]. 北京: 北京大学出版社, 2013: 21.

[139] 气象局. 地面气象观测规范[J]. 北京: 气象出版社, 2003, 200(3): 56-59.